(사) 한국원예치료복지협회

* 가나다 순

집필위원
김경신 제주의료원 사회사업실
김연홍 오송도시농업지원센터
이 숙 단국대학교 간호대학, 대학원 원예치료
이상미 국립원예특작과학원 도시농업과
정희진 행복드림발달지원센터
제의숙 우리애그린 원예재활연구소
조문경 해븐리병원 인지중재치료실

감수위원
김영옥 복지원예 슈퍼바이저
박천호 고려대학교 생명과학대학
이상훈 삼성노블카운티
한경희 단국대학교 평생교육원

HORTICULTURAL THERAPY

03

원예치료 입문자를 위한

관련의학 심리상담 사회복지

(사)한국원예치료복지협회

부민문화사

발간사

우리나라 대부분의 원예학자들은 1990년 전후까지만 해도 원예의 발전은 곧 재배 생산기술의 혁신에 있다고 하여 이 부분에 많은 노력을 기울여 왔으며, 아쉽게도 원예가 갖고 있는 또 다른 신비로운 영역에 대해서는 아무도 신경쓰지 않았습니다. 1984년 한국원예학회에서 원예의 새로운 영역인 원예치료가 포함된 사회원예가 처음 소개되었을 때 대부분 먼 나라의 얘기로만 생각하였습니다. 이후 1997년이 되어서야 원예치료의 중요성을 깨닫고 한국원예치료연구회로 시작하여 전국에 원예치료를 소개 보급한 지 21년이 되었습니다. 그간 원예치료의 효과에 대해서 원예학자들조차 반신반의해가며 효과의 검증에 의문과 호기심 어린 눈으로 보아온 것이 사실입니다. 이것은 비단 우리나라뿐만 아니라 원예치료를 처음 시작한 미국이나 일본에서도 도입 초기에 어려움을 겪었습니다. 초기 원예치료 후 효과 검증은 대부분 설문지법을 이용하였으며, 과학적 실험 연구방법에 익숙한 일반 원예학자들이 받아들이기에 어려웠던 부분이 많았기 때문이기도 합니다.

그러나 오늘에 이르기까지 원예치료 학자들의 과학적인 연구가 수행되었고 다양한 임상학적 연구결과가 발표됨과 함께 전문적인 원예치료사들에 의해 효과가 입증되어 점차 관심을 모으게 되었습니다. 최근에는 원예치료 임상연구가 매년 발표되고 있으며, 발표자 전공도 원예학 전공자 외에 다양한 영역에서 관심을 갖고 있다는 점은 주목할 부분입니다. 이와 같은 지속적인 노력으로 원예치료가 2017년에 인지중재치료 신의료기술로 안정성 및 유효성을 인정받았다는 것은 원예치료가 우리 삶에 얼마나 효과적이고 유용한 것인지 밝혀졌다는 점에서 무척 다행스러운 일입니다.

최근에는 한국원예치료복지협회에서 시행하는 프로그램이 정부기관과 각 지자체 및 기관에서 인정을 받고 매년 지속적인 예산지원을 받아 다양한 원예치료 프로그램을 진행할 수 있게 된 것은 원예치료 발전에 무척 고무적인 일입니다. 이에 협회에서는 전국 지회의 활발한 활동을 지원하고 있으며, 다양한 내용의 워크숍을 통해 새로운 정보를 제공하고 있습니다.

그러나 협회가 설립된 지 20년이 되었으나 아쉽게도 전국 교육기관의 교과과정은 통일되지 않은 채 자체교재로 지역의 특성에 따라 운영되어 왔습니다. 이에 협회에서는 설립 20주년을 맞아 그간의 숙원사업인 전국 평생교육기관 공통교재를 발간하기로 하였습니다. 아쉬운 것은 좀 더 충분한 준비 기간을 갖고 충실한 내용으로 구성하려 하였으나 처음부터 완전을 기하는 데에는 한계가 있어, 아쉬운 점을 감수하고 집필위원회를 구성하여 초판을 발간하였습니다. 2019년 발행한 초판은 부족한 부분이 있었음에도 전국 원예치료 교육과정에서 교재로 채택하여 원예치료의 보급과 교육 향상에 큰 도움이 되었습니다.

그간 전국 각 기관에서 초판에 보여준 많은 성원에 힘입어 제한된 준비에 따른 미진한 부분을 수정하여, '관련의학' 개정판을 펴내게 되었습니다. 이번 교재에는 초판의 오류를 개선하였으며, 차후에도 좋은 교재가 되도록 최선을 다해 보완해 나가도록 하겠습니다.

이면을 빌어 '관련의학' 개정판 집필진의 성의 있는 저술과 감수를 맡아 주신 모든 분들께 진심으로 감사드립니다. 그리고 책 출간에서 개정판의 출판을 위해 수고를 아끼지 않으신 부민문화사 정민영 사장님께 이면을 빌어 진심으로 감사드립니다. 아울러 개정판이 나올 수 있도록 세세한 부분에 이르기까지 애써주신 본 협회 유나연 국장님과 홍주현 주임님, 장소윤 간사님에게 진심으로 감사드립니다.

2020년 6월　저자 일동

차례

I

원예치료와 정신건강

1. 인간 이해
2. 정신건강의 이해
3. 정신건강과 스트레스
4. 정신질환
5. 조현병
6. 양극성 장애
7. 우울장애
8. 알코올 중독

원예치료의 다양한 영역에서 정신건강의 개선은 매우 큰 부분을 차지한다. 스트레스의 증가와 가족공동체가 해체되고 인간관계 양상이 변화되는 현대사회의 문제점 속에서 정신건강의 중요성은 더욱 부각되고 있다. 이에 원예치료를 수행할 전문인력들은 정신건강을 이해하고, 정신건강 증진을 위한 올바른 접근법을 숙지할 필요가 있다.

1 인간 이해

원예치료사[복지원예사]는 정신질환을 진단받은 사람과 정신과 진단을 받지는 않았더라도 정신적 어려움을 가지고 있는 사람들을 대상으로 한다. 이처럼 원예치료는 사람을 대상으로 하는 치료과정이기 때문에 '사람'에 대한 이해가 필요하다. 이것은 단지 대상자에 대한 이해만을 위한 것이 아니라, 원예치료사 자신에 대한 이해가 선행되어야 한다.

원예치료사는 식물의 생장과 재배 및 특성에 관한 원예학적 지식과 함께 인간의 심리 · 신체적 건강증진을 위해 정신의학 · 재활의학 · 사회학 · 간호학 · 심리상담학 · 사회복지학 등 다양한 분야를 이해하고, 이를 의도적으로 적용할 수 있는 능력이 있는 자격을 갖춘 사람이어야 한다.

원예치료의 3요소는 원예치료사, 치료매체인 식물과 원예활동, 대상자를 들 수 있다. 원예치료사는 대상자와 함께 원예활동을 이끌어가는 존재로 원예치료의 주체라 할 수 있다. 이를 위해 원예치료사는 식물의 생장과 재배 및 특성에 관한 원예학적 지식뿐만 아니라 인간의 심리, 신체적 건강과 원활한 원예치료 프로그램 진행을 위한 다학문 분야에 대한 지식을 가지고 이를 계획적으로 적용할 수 있는 능력과 자격을 갖춘 사람이어야 한다.

원예치료 대상자는 초창기에 정신질환자나 신체장애인이 주 대상자였으나, 최근에는 의학적 진단으로 장애가 없다 할지라도 정신적, 신체적, 사회적으로 안녕하지 못한 사람과 안녕 상태의 증진을 목적으로 하는 모든 사람을 대상으로 하고 있다.

인간의 성장 과정을 이해하는 것은 인간과 식물의 생명주기를 평행적 주제로 인식하는데 있어서 필요한 요소가 된다. 즉, 대상자의 성장기에 따른 분류와 치료적 문제에 따른 분류를 통해 효과적 접근이 가능한 것이다. 치료 효과를 예상하는 점에서도 전 생애를 걸친 건강한 생명체로서 살아가는 것에 원예의 경험이 어떤 방식으로 작용할 수 있는지, 인간의 삶을 어떻게 풍요롭게 할 수 있는지에 대한 이해가 필요하다. 또한, 보고, 맡고, 닿고, 듣고, 맛보는 감각체험과 식물을 생장시키는 재배와 관리의 동작체험으로 구성되는 식물을 활용하는 원예활동이 인간의 정신건강에 어떻게 작용할 것인가 하는 점이 치료사가 관심을 가져야 할 부분이 된다.

식물은 인간처럼 비가역적인 시간을 통해서 생명체의 특징적인 변화로 에너지의 입출력에 의한 발육 단계적 변화를 하며 각자 고유의 형태를 변화시킨다. 마쯔오는 사회원예의 활동을 통해 비가역적인 시간 속에서 식물을 기르면서 얻은 감각체험과 동작체험의 피드백이라는 지속적인 관계 속에서 인간의 생리적 욕구와 성취 욕구의 만족과 삶의 질을 향상시킬 수 있는 자아실현의 욕구, 관계와 돌봄의 균형을 유지할 수 있다고 보았다. 인간은 본능적 욕구가 충족되었을 때보다 인격적이고 풍요로우며 인생의 의미를 추구하는 삶을 추구하게 된다. 이는 식물과의 관계에서도 나타나 식물을 이용한 본능적 반응이 충족될 경우, 감각체험과 동작체험을 통하여 수확과 가공, 식물을 이용한 문화 여가생활, 식물의 기능적 활용으로 창조적 반응을 추구한다. 이러한 활동 속에서 생각하는 기쁨과 무엇을 해냈다는 성취감을 느끼고 자존감을 높이며, 자기 정체성을 확립하고 삶의 의욕을 다질 수 있다. 집단으로 하는 활동을 통해서는 외로움을 해소하고, 사회구성원으로서의 존재를 인식하게 되며, 삶의 가치를 느끼게 된다.

이러한 과정이 생애주기별로 확인할 수 있는 인간의 욕구와 발달과업, 생존과 적응을 위한 심리적 대처에 대한 이론을 통해 인간에 대한 이해를 높이고자 한다.

1 매슬로우의 욕구 위계

매슬로우Maslow는 미국 뉴욕시 브루클린 빈민가에서 7형제 중 첫째로 태어나 고독한 아동기와 청소년기를 보낸 심리학자이자 철학자로 칼 로저스와 함께 인본주의 심리학자이다. 인간은 개인적 발달을 위한 잠재력을 지니고 있으며 기본적으로 선하고, 자아실현을 위해 노력하는 존재라고 믿었다. 매슬로우는 인간이 행동하도록 동기화시키는 요인과 개인을 완전하게 기능하는 삶으로 이끄는 동기에 관심을 가졌다. 인간은 누구나 내적 욕구를 가지고 태어나며, 이 욕구를 충족시키기 위해 일생을 통해 노력한다고 하였다. 인간은 누구나 기본적인 하위욕구를 추구하고 만족하게 되면 그 다음 단계의 상위욕구로 진행하고 결국 자기실현의 욕구를 충족시키는 긍정적이며 성장 지향적인 욕구를 추구하는 방향으로 나아간다고 하였다. 후기에는 반드시 하위욕구가 만족된 다음에 상위욕구로 전이되는 것은 아니며, 하위욕구에서 좌절과 억제를 견디고 난 후에도 보다 상위욕구로 옮겨 갈 수 있다고 수정하였다.

욕구는 결핍욕구와 성장욕구, 하위욕구와 상위욕구들로 구성된다. 욕구의 단계는 생리적 욕구, 안전의 욕구, 애정 및 소속의 욕구, 자존의 욕구, 인지적 욕구, 심미적 욕구, 자아실현의 욕구로 7단계의 위계를 가지고 있다.

2 에릭슨의 심리사회적 발달

에릭슨Erikson은 독일 출생의 미국인 발달심리학자이자 철학자로 인간의 사회성 발달을 제시하였고 정체감 위기라는 용어를 제시하였다. 유대교 가정에서 자라 어린 시절에는 인종으로 인한 차별을 받기도 했으며, 미국 하버드대학에서 인간개발학 교수로 재직하였다. 프로이드의 심리성적 발달 5단계를 부인하고 심리사회적 발달 8단계를 주장하였다. 성격에서 이드보다는 자아의 역할을 중시하는 자아심리학의 창시자이며, 어린이가 사는 환경은 성장과 발달에 결정적이고 자기 인식과 자아 정체성의 원천이 된다고 주장하였다. 원예치료사는 인간의 심리사회적 발달에서 이러한 환경으로서 치료적으로 작용할 수 있을 것이다.

1) 1단계0-1.5세 : 신뢰감 대 불신감

세상을 안전하게 믿을 수 있는 곳이라고 생각하는 기본적인 신뢰감이 형성된다. 이 시기의 가장 기본적인 관계는 주 양육자어머니 역할을 하는 사람와의 관계이고, 이 관계가 생의 의욕과 긍정적인 인간관계 및 세계관을 기르는 데 기초가 된다.

2) 2단계 1.5-3세 : 자율성 대 수치심

부모나 돌보는 양육자에 대한 신뢰감을 형성하고 나면, 자신의 욕구를 처리하는 데 필요한 자율감을 발달시키게 된다. 이것은 독립심과 자기존중감을 기르는 데 기초가 되며, 이를 위해서는 적절한 감독과 제재가 필요하다. 그러나, 감독과 제제가 지나치거나 과잉보호, 통제 상황이 될 때 수치심과 자기회의에 빠지기도 한다. 특히 배변훈련은 확신감을 얻기 위한 중요한 과제이다. 이 과정에서 지지와 격려를 받고 칭찬을 받는다면, 잠재적으로 확신에 차고 독립적인 인간으로 성장하게 된다. 그러나 부모가 너무 요구적이어서 과도하게 비판하거나 그것으로 유아가 실패의 경험을 많이 하면 자율성이 줄어들고 부끄러움을 많이 디게 된다.

3) 3단계 3-6세 : 주도성 대 죄책감

자신의 동성 부모에 대한 경쟁심을 성공적으로 해결하고 자신의 에너지를 그 외의 다른 활동에 사용해야 하며, 특히 다른 또래 아동들과 놀이를 통해 주도성과 능력을 개발해야 한다. 그렇지 못할 경우 이성 부모에 대해 환상을 갖는 것에 대해 죄책감을 느끼게 되고, 적극적으로 관계를 형성하는 능력을 기를 수 없게 된다.

4) 4단계 6-12세 : 근면성 대 열등감

학령기로 인지 및 사회적 기술을 확보하고 의미 있는 활동을 수행하는 데 열중하는 것이 중심 과업이다. 이러한 기술을 개발한 아동은 근면성이 높아지지만 그렇지 못한 아동은 부적합성과 열등감을 느끼게 된다. 이 단계를 잘 극복하면 자신의 능력에 대한 자부심을 가지게 된다. 그렇지 못하면 사고와 행동에 타성이 붙어 생산적인 작업을 하는 데 어려움이 있다.

5) 5단계 청소년기 : 정체감 대 정체감 혼미

청소년기는 삶의 목적과 의미에 새롭게 직면하게 되고, 미래의 목적을 독립적으로 설정하기 시작한다. 이 시기에는 자신이 누구이고 무엇을 할 계획인가에 대해 책임감을 가지고 독립적으로 처리해야 한다는 것을 스스로 인식하기 시작한다. 이러한 과정 없이는 자아정체감을 형성하기 어렵고 성인기에도 의사결정에 대한 책임감을 느끼는 데 어려움이 있다.

6) 6단계 청년기 : 친밀감 대 고립감

성인기에 진입한 시기로, 다른 사람들과 함께 일하고 친밀한 애착을 형성하는 것을 배우게 된다. 사람들은 이때 적극적으로 사회생활을 시작하며 주도적으로 관계를 맺고 친밀한 관계를 형성해 나간다. 그러나 이 시기에 협력적이고 친밀한 상호작용을 하지 못하면 고립감을 초래하게 될 수 있다.

7) 7단계 장년기 : 생산성 대 침체성

자기 자신에 대한 책임을 넘어 다른 사람을 돕는 책임을 맡게 되는 단계이다. 다른 사람의 성장과 발달을 돕고 그 과정에서 자신을 지속적으로 성숙시킨다. 이 시기에 이러한 책임감을 발달시키지 못하면 스스로 침체되고, 다른 사람의 성장에 기여하면서 얻게 되는 활력 넘치는 감정을 놓치게 된다. 여기서 침체된다는 것은 자신에게만 관심을 가지는 이기주의에 빠지는 것을 뜻한다.

8) 8단계 노년기 : 통합성 대 절망감

죽음에 직면할 때까지 어떻게 통합감을 유지하면서 살아갈 것인지가 주요 과제이다. 통합감이란 자신의 삶이 생산적이었다고 느끼며 후회가 없다고 받아들이는 감정이다. 이런 통합성은 각 단계를 성공적으로 해결해 온 사람들이 가질 수 있는 것이다. 절망감은 자신의 생의 목적을 성취하지 못하고, 자신의 인생에서 의미를 찾을 수 없으며, 자신의 삶이 가치가 없다고 느끼며, 남은 삶에서도 의미를 찾지 못하는 것에 대한 두려움을 가지는 것이다.

3 프로이드의 정신성적 발달

프로이드Freud는 오스트리아의 정신분석학자로 7남매 중 장남으로 태어났다. 빈 의

과대학에서 생리학을 전공했으며, 어머니의 사망을 계기로 스스로에 대한 정신분석을 시도하며 연구영역을 넓혔다. 인간의 성격은 본능^{id, 원초아}, 자아^{ego}, 초자아^{superego}로 분류되며, 성격의 요소마다 독특한 기능, 특성, 구성요소, 작용 원리 및 기제들을 가지고 서로 밀접하게 관계한다고 보았다. 이러한 요소들의 상호작용의 결과를 정신건강상태로 설명하였다. 인간은 무의식적 욕구나 충동을 의식하지 못하지만 끊임없이 밖으로 표출하고 욕구를 충족시키고자 하는 힘이 있어 인간의 행동과 생각, 정서 등을 지배하고 결정하는 힘을 가진다고 가정한다. 전의식은 의식과 무의식의 중간에 위치한 상태로 인간이 주의를 기울여 자각하려고 노력하면 의식할 수 있는 것이다. 프로이드의 성격을 지형학적 빙산모형으로 설명할 때 의식세계는 물 밖이고, 빙산은 자아, 초자아, 원초아의 정신세계, 물 속은 무의식의 세계로 설명하기도 한다.

이러한 성격은 원초아, 자아, 초자아를 거치며 발달하는 일련의 심리, 성적발달 단계를 가진다, 각 단계별로 성격이 형성되는 과정에서 리비도 즉, 본능의 만족여부에 따라 정상성격, 이상성격, 고착의 형태로 나타난다. 고착은 특정 발달 단계에서 과다한 만족이나 과다한 좌절을 경험했을 때 발생하는 현상으로 현재 무슨 단계에 있든지 상관없이 특정 단계의 문제점이나 쾌락에 계속 집착하는 상태이다. 고착 증상은 스트레스를 겪을 때 두드러지는데, 심한 스트레스를 받으면 어린 시절의 특정 발달 단계의 행동이나 특징이 발견되기 때문이다. 이를 퇴행이라고 하고 현재의 좌절이 크고 고착의 강도가 클수록 퇴행 경향이 더 강하게 나타난다.

1) 구강기 oral stage

유아들이 입 주변에서 만족을 느끼는 시기로 아기가 빠는 행위를 통해 얻는 쾌감을 자애적 쾌감이라고 한다. 자신의 몸을 통해 만족을 얻는 것으로 손을 빠는 행위를 예로 들 수 있으며, 이를 나르시즘 상태라고 묘사하기도 한다. 또한 구강만족을 제공하는 대상자에게 애착을 느끼게 된다.

2) 항문기 anal stage

괄약근을 조절할 수 있는 2~3세 유아는 항문 주위가 성적 관심의 초점이 된다. 이들은 배설을 참았다가 최후의 순간에 힘을 주면서 배설물을 쏟아내는 방출의 쾌감을 높이는 행동에 몰두하며, 그 배설물에 흥미를 느끼고 가지고 놀거나 만지는 것을 즐긴다. 이러한 행동에 대해 부모들은 배변훈련을 하기 시작하고, 부모의 훈련이 항문기와 관련된 특징적 성격유형으로 항문기 폭발적 성격, 항문기 강박적 성격을 만드는 데 중요한 역할을 한다.

3) 남근기 pahllic stage

프로이드는 남아 중심의 발달 단계를 논의했기 때문에 프로이드 이론 중 가장 논란이 되는 단계이다. 프로이드는 3~6세 남아들에 대해 너무나 쉽게 흥분하고 변화무쌍하며, 감각으로 충만하다고 표현하였다. 자신의 성기에 대해 높은 관심을 보이는 시기이다. 남성으로서 자신의 역할을 상상하기 시작하며 고정 관념적으로 공격적이고 영웅적인 모습을 상상하곤 한다.

오이디푸스 콤플렉스를 겪는데 남아가 아버지를 어머니에게 느끼는 애정의 경쟁 상대로서 느끼게 되지만 한편으로는 여전히 아버지의 사랑을 필요로 하며, 이러한 용납될 수 없는 감정을 아버지가 알게 된다면 자신의 성기를 거세시키는 처벌을 할지도 모른다는 잠재적 공포를 느끼게 되는 것이다. 이러한 오이디푸스 콤플렉스는 억압^repression^, 동일시^identification^를 통하여 해결하게 된다. 이 과정에서 남아들은 '남성성'이라는 성 개념과 역할을 습득한다. 여아의 경우에는 오이디푸스 콤플랙스가 남근선망^penis envy^으로 나타난다. 자신에게 음경이 없다는 사실에 분노하며, 자신을 불완전하게 만든 어머니에게 비난의 화살을 돌린다. 여아들은 남근 선망을 아버지에 대한 사랑을 통해 해결하려 하지만 아버지 곁에 있는 어머니로 인해 좌절되고 경쟁심을 보이는데 이것을 엘렉트라 콤플렉스^electra complex^라고 한다.

4) 잠복기 latent stage

6세~사춘기 이전까지의 아동들은 성적이나 공격적인 환상이 대부분 드러나지 않는 잠복기 상태에 들어간다. 이 시기의 억압은 매우 전반적이어서 남근기뿐 아니라 구강기나 항문기의 요소까지도 모두 억압된다고 보았다.

5) 생식기 genital stage

사춘기에 들어서면 성적 에너지가 분출되고 남근기와 다르게 그러한 감정들을 현실에서 수행해 볼 수 있을 만큼 성장한 상태이다. 이들은 부모로부터 독립하여 성적 파트너를 발견하려 하며, 아버지와의 경쟁심을 버리고 아버지의 지배로부터 자유로워지고 싶어한다.

4 심리적 방어기제

자아의 기능은 외부 세계의 상황을 구분할 수 있는 현실검증 능력과 개인의 경험이나 유일성에 대한 느낌, 자신의 신체에 대한 감각으로써 현실 감각이 있다. 또한 현실에 부합되게 행동할 수 있는 식별 능력으로 판단력과 충동적인 쾌락 추구 행동을 지연시키고 참는 본능, 정서, 충동의 조절과 조정능력이 있다. 또한 대인관계에서의 융합과 분리를 결정할 수 있는 대상관계 능력과 주의, 기억, 집중, 예측, 개념형성을 추진하고 현실에 맞는 2차 사고과정을 처리하는 능력인 사고과정을 이끌고, 더 나은 성취를 위해 자아 기능을 퇴보할 수 있는 적응적 퇴행과 위협적인 내외적 자극에 대해 방어하는 능력이 있다. 그 외에도 여러 수준의 감각자극을 통합, 조절하는 자극관문과 학습된 지식과 기술, 취미 등과 같은 것으로 정신장애가 발생해도 손상 받지 않는 자율적 기능, 모순되는 태도, 가치, 정서 등을 통합하여 행동하는 통합기능, 타고난 능력이 환경 내 다른 사람들의 피드백을 받아 점점 유능해지는 느낌의 정도에 따라 자신감을 갖게 되는 숙달과 자신감을 가지도록 하는 것들도 포함된다.

방어기제는 사회적으로 용납될 수 없는 욕구나 충동 등과 초자아의 압력 때문에 발생하는 불안으로부터 자아를 보호하기 위한 전략으로 사용되는 기전이다. 즉, 자아가 합리적인 방법으로 자신이 느끼는 불안감을 해결하지 못할 때, 자신이 의식하지 못하는 가운데 비현실적인 방법으로 불안감을 제거하려고 하는 무의식적인 심리적 기제이다.

1) 억제 supression

불안하게 하는 상황이나 느낌을 의식적 행동으로 통제하는 것, 억제는 방어기제 중 유일하게 의식적으로 사용된다.

2) 억압 repression

1차적 방어기제로 의식에서 용납하기 어려운 생각, 욕망, 충동 등 무의식적인 욕구나 그로 인한 불안을 무의식 속에 머물도록 눌러 놓는 것으로 죄책감, 수치심, 자존심을 상하게 하는 경험이 억압의 대상이 된다.

3) 반동형성 reaction formation

받아들일 수 없는 감정, 태도, 행동을 반대로 표현함으로써 의식화를 막는 것, 미운 놈 떡 하나 더 주는 것, 강박관련 장애의 주요 방어기제이다.

4) 퇴행 regression

현재 상황에서 자신의 무의식적 욕구를 만족시키기 어려운 경우, 즉 갈등이 있을 때 자신의 욕구가 만족되었던, 갈등이 없었던 과거 시기로 돌아가 그 때의 행동을 보이는 것이다.

5) 취소 undoing

용납될 수 없는 자신의 생각이나 행동에 대한 책임을 면제받고자 어떤 의식행위를 하는 것, 즉 스스로 용납할 수 없는 행동을 한 뒤 죄책감을 느끼거나 상처입지 않기 위해 자신의 행위를 무효화 하는 것, 아이를 때린 후 아이에게 사과하는 엄마 등이다.

6) 투사 projection

어떤 행동이나 생각의 책임을 자신으로부터 외부 대상이나 다른 사람에게 돌리는 것, 즉 남의 탓으로 돌리는 것으로 용납할 수 없는 자신의 무의식적 본능이나 불안,

실패 등의 이유를 다른 사람에게서 찾거나 다른 사람이 그런 욕구를 가지고 있다고 생각한다. 관계망상이나 피해망상을 가지게 하는 조현병의 주요 방어기제이다.

7) 승화 sublimation

가장 성숙한 방어기제로 사회적으로 용인되지 않는 충동이나 행위를 사회적으로 용인되는 건설적인 활동으로 대체하는 무의식적 과정이다.

8) 합리화 rationalization

개인이 사회적으로 용납될 수 없는 행동이나 야단맞을 만한 일에 대해 사회적으로 용납될 수 있는 이유를 붙여 개인적으로 자신의 행동을 정당화 시키는 것, 상대방의 가치를 평가 절하하거나 자신의 행동을 극대화시켜 정당화 시키는 것, 여우의 신포도 이야기는 중독성 질환의 주요 방어기제이다.

9) 부정 denial

자신에게 불쾌한 어떤 생각이나 충동 등 고통스럽거나 받아들이기 힘든 일을 현실로 인정하지 않음으로써 즉, 무의식적으로 회피하는 것, 알코올중독자들이 자신의 질병을 인정하지 않는 중독성 질환의 주요 방어기제이다.

10) 보상 compensation

실제적인 것이든 상상하는 것이든 심리적인 측면에서 자신에게 부족한 것이나 결함으로 생긴 열등감을 감소시키기 위해 바람직한 특성을 강조하는 것, 작은 고추가 매움 등이다.

11) 동일시 identification

다른 사람의 속성이나 태도, 행동을 자신의 성격의 일부로 만드는 것, 자아와 초자아의 성장에 가장 큰 역할을 하며 성격발달에 매우 중요한 기전이다.

12) 함입 introjection

남에게 향했던 모든 감정을 자신에게 향하게 하는 기전, 자기 탓, 우울장애의 주요 방어기제이다.

13) 전환 conversion

심리적 갈등이 신체 감각기관과 수의근계의 증상으로 표출되는 것, 전환장애의 주요 방어기제이다.

14) 신체화 somatization

심리적 갈등이 감각기관이나 수의근계를 제외한 신체부위 증상으로 표출되는 것, 신체화 장애의 주요 방어기제이다.

15) 해리 dissociation

마음을 편하지 않게 하는 근원인 성격의 일부가 그 사람의 의식적 지배를 벗어나 마치 하나의 다른 독립된 성격인 것처럼 행동하는 것, 다중인격, 잠꼬대, 몽유증 등 해리 장애의 주요 방어기제이다.

2 정신건강의 이해

1 정신건강의 개념

정신건강은 개인이 자신의 능력을 알고 스트레스에 대처할 수 있으며 생산적인 일을 하면서 사회에 기여할 수 있는 상태를 말한다[WHO]. 정신은 육체나 물질에 대립되는 마음, 이성 등을 뜻하거나 사물을 느끼고 생각하며 판단하는 능력을 뜻한다. 건강이란 세계보건기구 헌장에 따르면 질병이 없거나 허약하지 않은 것만 말하는 것이 아니라 신체적, 정신적, 사회적으로 완전히 안녕한 상태에 놓여 있는 것이다. 이처럼 건강의 의미에는 이미 정신적 안녕의 개념이 포함되어 있어서 안녕한 상태가 어떤 것인지 확인해야 할 것이다.

정신과 건강이라는 두 단어가 연결된 정신건강은 정신기능의 양호함이라는 의미에서부터 인간성에 대한 각성과 인간으로서 누려야 하는 기본적 권리를 마땅히 영위하는 범위로까지 확대된다. 피넬로부터 시작된 정신건강운동은 정신질환자를 정신적 기능의 적합성 여부로 바라보는 관점으로부터 인간으로서의 존엄함을 인정하는 시각으로 전환시켰다. 현재 정신건강의 목표는 질병에 걸려 있지 않은 상태에 그치는 것이 아니라 만족스러운 삶의 질을 유지하고 사회 속에서 관계를 맺으며 살아갈 수 있는 역량에 두고 있다. 즉, 정신건강은 흑백 논리적인 판단의 문제가 아니라 상대적으로 정도 차이가 비교될 문제로 연속선상의 개념으로 볼 수 있다.

현대인은 다양한 스트레스로 인하여 정신건강을 위협하는 요인이 많아졌으며 그로 인한 정신건강의 중요성은 확대되고 있다. 정신건강을 증진하기 위한 서비스도 1차, 2차, 3차 예방 측면으로 제공되고 있다.

2 정신이 건강한 사람의 특성

정신이 건강한 사람은 긍정적 자아개념을 가지고 합리적 사고를 통한 올바른 판단을 하며, 상황에 맞는 적절한 태도로 감정을 표현한다. 학습을 통해 생산적인 활동을 하고, 행동 결과에 대한 책임을 지며, 자신에 맞는 스트레스 관리를 할 줄 아는 특성을 가지고 있다. 정신건강의 기준은 인간이 자신의 잠재력을 개발하여 실현해 가고 있는가로 볼 수 있다.

매슬로우는 정신이 건강한 사람은 자아를 실현하는 사람으로 구체적으로 문제해결에 집중할 수 있는 능력, 자기와 타인, 인간본성에 대한 수용력, 현실에 대한 적절한 지각, 인류에 대한 동일시, 프라이버시에 대한 욕구, 고도의 독립성 및 자율성, 만족스러운 대인관계 수립, 창조성, 강한 윤리성, 유머 감각, 민주적 성격 구조, 규율 · 법률 · 관습 · 규칙 준수, 자발성, 삶을 가치 있고 풍요롭게 하는 신비한 경험, 항상 새로운 사물에 대한 인식과 이해를 가지고 있는 특성을 가진 것으로 보았다.

마리 야호다는 정신건강이란 단일한 기준으로 확인될 수 있는 것이 아니며, 특정 상황에서 개인의 기능이 아닌 지속성을 평가하였다. 또한 정신건강을 두 가지 측면으로 보았는데 의학적 의미의 정신적인 병이 없는 상태와 긍정적인 심리학적 특징으로 이해하였다.

3 정신건강 평가

정신이 건강한 사람의 특성으로 제시한 마리 야호다의 정신건강 평가기준을 살펴보고자 한다.

1) 자신에 대한 긍정적 태도

자신의 욕구를 있는 그대로 알아차리고 수용하는 것을 의미하는데, 자기이해와 자기수용이 속한다. 이러한 이해와 수용은 자신에 대하여 객관적으로 보고 있는 그대로 사랑하는 장점과 단점을 인정할 수 있는 것이다.

2) 성장, 발달과 자기실현

건강한 사람은 성장과 발달을 통해 자신의 잠재력을 실현할 수 있다. 적응의 과정이 포함되고 새로운 성장과 발달, 도전을 할 수 있음을 의미한다. 인간의 적응 영역에 초점을 두고 있는데, 이를 통해 깊고 풍부한 대인관계, 인간존중, 지혜롭고 독창적인 창의성에 이를 수 있다.

3) 통합력

통합력은 인간의 내적 욕구가 외족 요구와 만나 균형을 이룰 수 있도록 하는 것이다. 성격의 이드, 자아, 초자아가 조화와 균형을 이루는 것으로 통합력을 잃게 될 때 내적 갈등으로 인한 정서적인 불균형을 보인다. 자신의 정서에 민감하면서도 적절히 통제할 수 있음을 의미한다.

4) 자율성

자기결정 능력으로 의존과 독립이 자기결정에 의해 균형을 이루고 자신의 결정에 의한 결과를 수용할 수 있는 것을 의미한다. 또한 자율성의 기준에 합당하기 위해서는 자신뿐 아니라 타인도 동등한 자율성을 가지고 있음을 알아야 한다.

5) 현실 지각

외부세계에 대한 추측을 경험 행위로 검증해 보는 능력으로 주위를 어떻게 인식하고 어떻게 움직이는가 하는 것을 의미한다. 인간은 수많은 사고 작용의 결과로 현실에 대하여 판단을 하게 되는데 판단된 내용은 단지 추측에 불과하기도 하여서 추측된 내용을 경험행위로 검증하는 과정을 통해 현실을 지각하게 된다. 공감능력, 사회적 민감성, 타인의 감정과 태도를 존중하는 것 등이 포함된다.

6) 환경지배

사회가 인정하는 역할에 성공적으로 기능하는 것으로 스트레스에 효율적으로 대처하여 삶에 만족하고, 원만한 인간관계를 유지하는 것이다. 갈등이 생길 때는 해결방법을 모색하고, 지지적 인간관계를 형성하는 방식으로 주어진 환경을 지배한다. 그러나 인정의 주체인 사회는 정신적으로 건강한 사회, 역할, 대처를 제공하여야 하고 인간관계에서도 일방적이 아닌 호혜적 관계여야 한다.

4 정신건강에 영향을 미치는 요소

정신건강에는 생물학적, 심리적, 사회문화적 요소가 영향을 미친다. 생물학적 영향요소는 산전, 주산기 또는 신생아기의 사건, 신체적 건강상태, 영양, 과거 상해력, 신경해부학, 생리학 등의 영향을 받는다. 심리적 영향요소는 상호작용, 지능지수, 자아개념, 기술, 창의성, 정서발달 수준 등이 있다. 사회문화적 영향요소는 가족의 안정성, 인종, 주거, 아동 양육 형태와 경제 수준, 종교, 가치 및 신념 등을 들 수 있다.

3 정신건강과 스트레스

1 스트레스의 정의

스트레스는 내 · 외적 요구가 과다한 부담이 되거나 개인의 역량과 대처능력을 넘어서는 상황을 말하며, 스트레스를 야기하는 근원을 스트레스원stressor이라고 한다.

2 스트레스 이론

1) 생리적 이론

워터 캐논의 투쟁도피반응이론fight-flight response 에서 투쟁과 도피는 스트레스에 대처하는 생화학적인 변화를 야기한다. 한스 셀리의 적응이론에서는 신체의 비특이적 반응을 일으키는 사건을 스트레스로 보았으며, 생리적 변화는 심박동수 증가, 혈압상승, 호흡증가, 호르몬의 변화, 근육 강직, 혈관 수축 등이 있다.

2) 정신사회 이론

홈스와 라헤의 정신사회 이론에서는 적응이 요구되는 생활변화가 스트레스이다. 43개의 서로 다른 생활사건과 각 스트레스 사건을 처리하는 데 요구되는 단위점수를 매겨, 이를 생활 변화 단위로 한 사회재적응비율척도를 개발하였다.

3) 상호작용 이론

라자루스는 대응차원의 한계를 초월하여 안녕을 위협하는 것으로 평가된 내 · 외적 자극이 스트레스이며, 상호작용이론으로 설명하였다.

4) 정서생리 이론

핸리와 엘리의 정서생리 이론은 부정적 정서로 인해 생리적인 변화를 일으키는 내외적 자극인 스트레스를 설명하였다.

5) 신경면역학 이론

면역억제체계에 영향을 미쳐 림프구 수와 자연살해세포^NK cell^의 활동을 감소시키는 코티졸을 증가시켜 면역체계에 영향을 미치는 내 · 외적 자극인 스트레스에 대해 설명하였다.

3 스트레스 반응

스트레스 반응은 생리적 반응, 인지적 반응, 정서적 반응, 행동적 반응이 있다.

1) 생리적 반응

환경에서 스트레스원이 감각계에 투입되면, 인체의 시상하부와 뇌하수체의 내분비선이 시상하부와 뇌하수체, 아드레날 코덱스에 작용하여 코티솔, 코티코이드 등이 방출된다. 단기 효과로서 수액 상실, 당분해로 인한 글루코스의 증가, 염증 저하, 노르에피네프린 증가 등이 나타난다. 장기^만성^ 효과로는 면역체계 손상, 동맥경화, 우울, 고혈압, 인슐린 둔감, 비만, 고지혈증, 단백질 파손이 혈액 · 골격에 골다공증 유발, 근육의 심장손상, 면역글로불린 등에 영향을 미친다.
교감신경이 부신에 작용하여 에피네프린, 노르에피네피린 등을 통해 단기 효과로서 심박동, 호흡, 당, 혈소판응집, 신장여과율, 골근육계 혈액공급, 근육긴장이 증가한다. 장기^만성^ 효과로서 심박동 휴식 증가, 심장질환, 혈소판 응집, 반응성 고혈압, 고콜레스테롤, 고지질, 신장 및 간질환, 당내성 증가, 만성근육긴장, 만성과환기, 소화기질환, 만성불안과 분노 등이 나타난다. 이러한 스트레스로 인한 장기^만성^ 효과들은 본태성 고혈압, 심장질환이나 심장발작, 뇌졸중, 동맥경화, 당뇨병, 암, 궤양, 만성 위장질환, 알레르기와 습진, 관절염, 두통, 면역 저하, 신장 및 간질환에 영향을 주는 것으로 보고 있다.

2) 인지적 반응

주의력 결핍, 집중력 저하, 기억력 감소, 판단력 장애, 사고단절, 지각영역의 감소로 나타난다.

3) 정서적 반응

불안, 긴장, 공포, 두려움, 죄의식, 수치심, 절망감, 방어기제 사용의 증가가 나타난다.

4) 행동적 반응

대인관계 위축, 욕구억제, 공격행동, 도피행동 등이 나타난다.

4 스트레스 관리

스트레스 관리 전략에는 스트레스에 대한 1차 평가로서 스트레스 원인과 스트레스 반응과 관련된 느낌과 상해, 위협, 도전의 3가지 부정적 인지 평가를 통해 비합리적 신념을 확인하고 수정하기 위한 스트레스 인식 일지 적기와 사고중지 기법, 긍정적 자기 진술을 하도록 하는 인지적 전략이 있다.

심리적 전략으로서 스트레스에 대한 2차 평가를 하는데 문제의 심각도와 개인의 대처자원에 대한 평가를 하고, 정서적 반응에 대한 상황적 지지를 위해 인정, 환경적 자원을 확보하고 심리적 지지를 한다.

극복기술로서 개인의 환경이나 반응을 변화시키는 문제중심대처와 스트레스 상황에 대한 의미를 변화시키는 정서중심대처 전략, 기타 이완요법과 감정 표현, 생활양식 관리를 들 수 있다. 이완요법은 심호흡, 점진적 근육 이완, 명상, 심상법, 바이오피드백을 활용하고, 나 전달법과 자기주장 훈련 등을 통해 감정 표현을 격려하며, 영양, 수면, 운동, 여가 활동과 대인관계 유지 등을 통한 생활양식 관리가 포함된다.

4 정신질환

1 정신상태 사정 MSE : mental status examination

대상자의 전반적인 정신기능을 사정하는 것으로 심리적 상태를 확인하기 위해 질환 초기에 철저히 이루어져야 한다.

1) 일반적 기술

전반적 외모, 언어양상, 행동양상, 태도

2) 정서상태

① 기분 mood

주관적 : 우울, 슬픔, 행복, 다행감, 불안, 분노 등

② 정동 affect

㉮ **단조로운 정동 :** 표현이 거의 없는 상태

㉯ **둔마된 정동 :** 단조로운 정동보다는 나으나 밖으로 표현되는 정동 감소된 상태

㉰ **부적절한 정동 :** 상황과 어울리지 않게 울거나 웃거나 하는 모습으로 사고, 언어 등과 조화되지 않는 상태

㉱ **무감동 :** 감정적 둔화, 쾌감과 불쾌감에 대한 감수성이 감소된 상태

3) 사고과정과 사고내용

① 사고과정

목적을 향한 생각의 흐름으로 연상속도와 방식을 의미하며, 대상자의 언어표현을 통해 확인할 수 있다.

㉮ **연상의 이완 :** 사고의 진행이 와해되고 논리적 연결성이 없는 한 내용에서 다른 내용으로 이동되는 것으로 나타남

㉯ **지리멸렬 :** 논리적 연결이 없고 문법적으로도 앞뒤가 맞지 않아 의미를 파악할 수 없는 상태

㉰ **사고의 이탈 :** 한 생각에서 다른 생각으로 연상이 진행되어 말하고자 하는 목적에 도달하지 못함

㉱ **사고의 차단 :** 연상의 진행이 갑자기 중단됨

㉲ **사고의 비약 :** 연상이 계속적으로 빨리 진행되는 것으로 조증에서 흔히 나타남

㉳ **우회증 :** 말하고자 하는 목적에 도달하기 위해 불필요한 세부설명을 거침

㉴ **보속증 :** 사고가 더 진행되지 못해서 한 관념이 지속적으로 반복 표현됨

㉵ **음연상 :** 음에 따라 새로운 관념이 연상되어 무의미한 언어의 연결을 보임

㉶ **신어조작증 :** 새로운 말을 조합하거나 창조하여 자신만 그 뜻을 아는 독특한 언어를 만들어냄

㉷ **반향언어 :** 주어진 말을 그대로 따라 함

② 사고내용

대상자가 표현하는 언어의 구체적인 의미로 무엇을 생각하고 있는지에 관한 것

㉮ **관계사고 :** 외부사건을 자신과 직접적인 관련이 있는 것으로 잘못 해석하는 것

㉯ **망상 :** 불합리하며 잘못된 생각으로 현실 상황에서 사실과 맞지 않는 것임에도 자신만 확신하는 잘못된 믿음 – 과대망상, 피해망상, 관계망상, 질투망상, 색정

망상, 자책망상, 조종망상, 신체망상

㉰ **강박사고 :** 의식적으로 원하지 않음에도 불구하고 계속적으로 같은 생각이 떠오르는 것

4) 지각, 감각

개인이 감각적으로 획득한 정보를 선택, 조직, 해석하는 과정

① 착각

실제 있는 자극을 잘못 해석하여 지각

② 환각

실제 자극이 없음에도 마치 외부에서 자극이 들어온 것처럼 지각, 체험 – 환청, 환식, 환후, 환미, 환촉

5) 의식 및 인지기능

① 지남력 指南力, orientation

환경을 이해하고 자신의 위치를 파악하는 능력으로 대상자가 시간, 장소, 사람에 대해 정확하게 인지하고 있는 능력

② 기억력

㉮ **기억과다 :** 특정 기간이나 사건에 한정되어 병적으로 상세히 기억

㉯ **기억상실 :** 부분 혹은 전체를 기억할 수 없는 상태로 저장이나 회상이 불가능한 상태

㉰ **기억착오 :** 무의식적으로 거짓 기억을 하는 회상의 왜곡으로 기억이 나지 않는 부분에 대해 메꾸려는 작화증이 나타나기도 함

㉱ **기시감 deja vu :** 낯선 것을 전에 본 것처럼 느낌

㉮ **미시감** jamais vu : 전에 알고 있던 것이 생소하게 느껴지는 현상

㉯ **주의력, 집중력과 계산능력, 추상적 사고와 지적 능력, 판단력**

2 정신질환의 진단 분류

정신질환은 DSM[diagnostic and statistical manual of disorder] 분류체계와 ICD[international classification of mental and behavior disorder] 분류체계를 쓰고 있다.

1) DSM 분류체계

현재 DSM 분류체계는 DSM-5 분류로 미국 정신의학회에서 사용하는 진단 분류체계로서 인간의 심리적 증상과 증후군을 위주로 정신장애의 분류체계를 확립하여 진단, 치료, 경과 과정, 예후 등을 적용하고 있다. 1952년 최초로 확립한 후 2013년 5월에 분류범주 20개, 전체 진단개수 300여 개의 5 버전이 발행되었다.

1. **신경발달장애** neurodevelopmental disorders
2. **조현병 스펙트럼 및 기타 정신병적 장애** schizophrenia spectrum and other psychotic disorders
3. **양극성 및 관련 장애** bipolar and related disorders
4. **우울장애** depressive disorders
5. **불안장애** anxiety disorders
6. **강박 및 관련장애** obsessive-compulsive and related disorders
7. **외상 및 스트레스 관련장애** trauma and stressor related disorders
8. **해리장애** dissociative disorders
9. **신체 증상 및 관련장애** somatic symptom and related disorders
10. **섭식장애** feeding and eating disorders

11 **배설장애**
elimination disorders

12 **수면-각성 장애**
sleep-wake disorders

13 **성기능 부전**
sexual dysfunction

14 **성별 불쾌감**
gender dysphoria

15 **파괴적, 충동조절 및 품행장애**
disruptive, impulse-control, and conduct disorders

16 **물질관련 및 중독장애**
substance-related and addictive disorders

17 **신경인지장애**
neurocognitive disorders

18 **성격장애**
personality disorders

19 **변태성욕장애**
paraphilic disorders

20 **기타 정신질환**
other mental disorders

- 약물치료로 유발된 운동장애 및 약물치료의 기타 부작용
- 임상적 주의의 초점이 될 수 있는 기타의 상태
- 성격장애에 대한 DSM-5 대안모델
- 추가 연구를 요하는 상태

2) ICD-10

국제 질병 분류체제 및 한국 표준 질병 사인 분류

1 **F00-F99**
정신 및 행동장애

2 **F00-F09**
증상성을 포함하는 기질성 정신장애

3 **F10-F19**
정신활성 물질의 사용에 의한 정신 및 행동장애

4 **F20-F29**
조현병, 분열성 및 망상성 장애

5 F30-F39
기분(정동)장애

6 F40-F48
신경증적, 스트레스와 연관된 신체형 장애

7 F50-F59
생리적 장애 및 신체적 요인들과 연관된 행동

8 F60-F69
성인 인격 및 행동장애

9 F70-F79
정신발육 지연

10 F80-F89
정신발달 장애

11 F90-F98
소아기 및 청소년기에 주로 발생하는 행동 및 정서장애

12 F90-F99
상세불명의 정신장애

3 정신질환에 영향을 주는 요인

① 유전적 요인 및 신경 생물학적 요인으로 가족력 등의 유전적 소인과 선천적 요인이 있으며, 중추 신경계의 구조적 이상 및 대사 장애, 신경전달물질의 이상이 있다.

② 심리적 요인으로 초기 발달장애나 가족의 정신 역동적 문제가 있다.

③ 사회문화적 요인으로 개인이 속한 사회의 문화적인 배경과 사회적 관습이 영향을 준다.

④ 환경 및 스트레스 요인으로 사회적 지지가 부족하거나 사회적 상실감, 가족 해체, 사회적 갈등 등이 영향을 준다.

4 정신질환에 대한 잘못된 통념

정신질환은 흔하지 않은 병이다.

25개 정신질환의 평생 유병율은 20% 이상으로서 누구나 걸릴 수 있다.

정신질환은 유전병이다.

정신질환은 가족력이 있는 질환으로 유전적 소인이 있는 것이지 유전병은 아니다.

정신질환은 가난하면 걸린다.

가난은 적절한 치료시기를 놓칠 수가 있어 유병기간을 증가시킬 수 있지만 가난이 정신질환의 직접적인 원인이라 볼 수는 없다.

정신질환은 불치병이다.

조현병의 경우 13%는 완전회복, 30%는 증상호전에 정상생활이 가능한 것으로 보고되고 있다. 조기발견으로 적절한 치료를 받으면 완치될 수 있다.

정신질환자는 항상 제 정신이 아니다.

조현병은 사고와 지각기능 장애이고, 우울증과 양극성 장애는 정서기능의 장애이므로, 정신질환자의 증상은 24시간 지속되는 것은 아니며, 모든 정신기능이 와해되는 것이 아니다.

정신질환자는 난폭하고 위험하다.

조현병은 피해망상으로 인해 폭력 위험성이 있을 수 있으나 약물로 피해망상이 조절되면 폭력 위험성은 감소된다. 증상으로 인하여 불안하고 위축되어 있으며, 소심하고 수동적인 위축 행동 양상이 특징이다.

정신질환 치료제는 위험하고 중독성이 있다.

정신질환 치료 약물에 대해 지속적으로 갈망하지 않으므로 중독되는 것은 아니다. 정신질환 치료제는 부작용이 있는 것이다.

정신질환자는 회복되더라도 사회적 기능을 할 수 없다.

약물 복용을 통해 증상이 조절되면 사회적 기능을 수행할 수 있으므로 지속적인 치료로 사회적응이 가능하다.

정신건강과 정신질환은 연속선상에 있기 때문에 정신건강과 정신질환을 정확히 구별하여 이야기할 수는 없다. 신체와 정신은 하나의 상호 연관성을 가지고 있다. 신체적인 고통은 마음을 불안하거나 우울하게 만들고, 정신적인 긴장은 신체적으로 혈압상승과 심박동수 증가 등을 유발하는 것으로 설명할 수 있다. 정신현상도 항상 그 기저에는 신체적인 현상과 연관성을 가지고 있음을 기억해야 한다.

5 조현병

조현병[調絃病, schizophrenia]은 지적, 정서적, 행동적 장애가 다각도로 혼합되어 현실관계와 개념형성에 장애를 나타내는 정신증적 반응군이다. 조현병은 '현악기의 줄을 고르다'라는 뜻으로 조현병 환자의 모습이 마치 현악기가 정상적으로 조율되지 못했을 때의 모습처럼 혼란스러운 상태를 보이는 것과 같아서, 질병으로 인한 정신의 부조화를 치료를 통해 조화롭게 하여 현악기가 조율이 되듯이 정상적인 생활이 가능하다는 긍정적인 의미로 사용하고 있다.

1 원인 및 진단기준

1) 생물학적 요인

① 유전적 요인

한쪽 부모가 조현병일 때 자녀 발생률은 8~18%, 양쪽 부모가 조현병일 때 자녀 발생률은 15~55%, 한 형제가 조현병인 경우 동기간의 유병률은 3~14%, 조현병 일란성 쌍생아 일치율은 69~86%로 보고되고 있다.

② 생화학적 원인

도파민, 세로토닌, 글루타메이트, GABA, 노어에피네프린 등 여러 신경전달물질들 간의 상호작용 불균형으로 초래된다.

③ 신경해부학적 요인

전두엽으로 가는 혈류량 감소와 뇌의 크기 감소, 제3 뇌실 확장, 대뇌피질 위축 등이 제시되고 있다.

2) 심리사회적 요인

발달과정에서 신뢰감 형성에 실패했던 경우와 대인 갈등과 좌절로 인한 자아붕괴에서 나타난다.

3) 스트레스 유발 요인

① 생리적 요인

영양불량, 탈수, 수면부족, 피로, 24시간 일주기 리듬 이탈, 감염, 통증, 외상, 수술, 투약관리 실패, 증상관리 실패 등

② 개인적 요인

갈등, 분노, 불만족한 주거, 독립생활 박탈, 일상생활 사건, 실직 등

③ 대인관계 요인

사회적 고립, 지지부족, 대인관계 장애 및 붕괴, 가족이나 친구관계 변화, 성폭력, 적대적 비평적 환경, 가족 동거인에 의한 스트레스

④ 지역사회 요인

교통이용의 어려움, 지역사회 붕괴, 생활상황 붕괴

4) DSM-5 진단기준

다음 활성기 증상 중 2개 증상(또는 그 이상)이 1개월 중 상당 기간 동안 지속된다.(성공적으로 치료되었다면 더 짧게), 적어도 ①, ②, ③ 중 하나는 나타나야 한다.

- ① 망상
- ② 환각
- ③ 혼란된 언어
- ④ 심하게 혼란된 또는 긴장된 행동
- ⑤ 음성증상 : 감정표현의 감소나 무의지증 등

5) 증상

① 양성 증상

정상인에게서 존재하지 않는 것이 발현

- 환각, 망상, 와해된 언어, 기괴한 행동

② 음성 증상

정상인에게서 존재해야 하는 것이 부재

- 정서둔마, 사고빈곤[무논리성], 동기 상실[무의지증], 무쾌감증

③ 정서적 증상

감정과 이를 표현하는 능력의 장애

- 불쾌감, 자살 경향, 절망감

④ 인지적 증상

- 집중장애, 기억손상, 문제해결능력 결여, 의사결정 능력 결여, 비논리적 사고, 판단력 손상

⑤ 개인의 변화

- 직업 능력, 대인관계, 자기간호능력, 사회적 기능, 삶의 질

6 양극성 장애

양극성 장애bipolar disorder는 현실과 맞지 않게 기분이 들뜨고 과장된 자신감에 차 있는 기분장애로, 조증이나 경조증 상태와 우울증이 일생동안 주기적으로 발생하는 만성재발성 질환이다.

1 원인

1) 심리사회적 요인

정신역동에서 조증은 우울에 대한 방어현상이며, 인지적 관점에서 자신과 세상에 대한 잘못된 믿음과 높은 성취목표로 인한 것으로 설명된다. 스트레스가 양극성 장애에 선행되는 경우가 많다.

2) 생물학적 요인

유전적 소인이 높은 질환으로 가족 중에 양극성 장애가 있는 경우 일반인에 비해 유병률이 5~10배 더 높다. 부모 중 한 명이 양극성 장애일 때 자녀의 25%가 발생하고, 부모 모두 양극성 장애일 때 자녀의 50~75%가 발생한다.

2 DSM-5 진단기준

조증삽화manic episode는 기분이 뜨는 동시에 전반적인 정신과 행동에 문제가 생기는 시기로, 기분장애기간 동안 다음의 증상 중 3개 이상이 1주 이상 지속되어야 한다.

- ① **팽창된 자존심과 과대성**
- ② **감소된 수면욕구로 인한 수면부족**
- ③ **평소보다 말이 많고 계속 말을 해야 한다는 압박감**
- ④ 사고의 비약 또는 사고가 분주하다는 주관적 경험
- ⑤ 주의산만
- ⑥ 목적지향적 과다 활동의 증가
- ⑦ 부정적 결과가 초래될 쾌락활동에 과도한 몰두

3 관련 장애

1) 양극성 장애 I bipolar I

조증과 우울증이 교대로 나타나거나 조증이 반복적으로 나타나는 장애로 반드시 최소 한 번 이상의 조증삽화가 1주 이상 지속되어야 한다.

2) 양극성 장애 II bipolar II

조증은 심하지 않은 경조증 정도로, 한 번 이상의 주요 우울증 삽화와 한 번 이상의 경조증 삽화가 동반되어야 한다.

3) 순환기분장애 cyclothymia

경조증과 경우울증이 교대로 나타나는 지속적인 만성 기분장애로 최소 2년 이상 지속될 때 지속된다. 양극성 장애 I 에 비해 주기가 짧고 불규칙적이며 급격한 기분 변화가 특징이다.

7 우울장애

일시적인 슬픔이나 우울한 감정을 느끼는 것을 넘어, 수면과 식사, 활동, 생각, 신체 등 개인과 생활 영역 전반에 영향을 주어 의미있는 일상활동을 수행하기 어려운 것을 의미한다. 기분의 저하, 의욕이나 흥미의 상실, 죄의식이나 무가치감, 수면장애, 식욕장애, 에너지 및 집중력 저하를 보이며 일상생활이나 시회생활에 심각한 영향을 주는 상태이다.

1 원인

1) 생물학적 원인

① 유전

일반인보다 주요 우울장애 가족의 경우 2~10배 높은 발생빈도, 이란성 쌍둥이의 경우 10~25%, 일란성 쌍둥이의 경우 50%의 발병 가능성이 있다.

② 신경전달물질

세로토닌, 노르에피네프린, 도파민, 아세틸콜린, 카테콜라민, 에피네프린 등의 조절 이상과 관련이 있다.

③ 신경내분비계

코티졸 분비 증가가 심한 우울과 불인, 지살충동의 상태를 유발하고 갑상선 자극 호르몬 분비가 저하되며, 멜라토닌 농도가 저하되는 경향이 있다.

④ 신경해부계

변연계, 기저핵 및 시상하부 등을 연결하는 회로이상과 관련이 있는 것으로 추측하며, 기분장애 대상자의 뇌 영상 활영에서 뇌측실의 확장, 전두엽과 미상핵 크기의 감소, 전두엽 피질의 혈류량 감소 등이 나타난다.

2 DSM-5 진단기준

1) 주요 우울장애

다음의 증상 중 5가지 또는 그 이상의 증상이 2주 이상 지속되며, 질병 전과 비교하여 기능이 저하된 변화를 보인다. 또한 증상 중 적어도 하나는 우울한 기분이거나, 흥미나 즐거움의 상실이 나타나며, 증상이 사회적 · 직업적 또는 다른 중요한 영역에서 임상적으로 현저한 고통이나 손상을 초래한다.

- ① 하루 중 대부분 그리고 거의 매일 지속되는 우울 기분에 대해 주관적으로 보고하거나 객관적으로 관찰됨
- ② 거의 매일, 하루 중 대부분, 거의 또는 모든 일상활동에 대해 흥미나 즐거움이 뚜렷하게 저하됨
- ③ 체중 조절을 하고 있지 않은 상태에서 의미 있는 체중의 감소나 체중의 증가, 거의 매일 나타나는 식욕의 감소나 증가가 있음
- ④ 거의 매일 나타나는 불면이나 과다수면
- ⑤ 거의 매일 나타나는 정신운동 초조나 지연 : 주관적 좌불안석 또는 처지는 느낌뿐 아니라 객관적으로 관찰 가능
- ⑥ 거의 매일 나타나는 피로나 활력의 상실
- ⑦ 거의 매일 무가치감 또는 과도하거나 부적절한 죄책감을 느낌 : 망상적일 수도 있음
- ⑧ 거의 매일 나타나는 사고력이나 집중력의 감소 또는 우유부단함 : 주관적인 호소나 객관적인 관찰 가능
- ⑨ 반복적인 죽음에 대한 생각(단지 죽음에 대한 두려움이 아닌), 구체적인 계획 없이 반복되는 자살사고, 또는 자살시도나 자살수행에 대한 구체적인 계획

2) 지속성 우울장애

주요 우울장애에서 나타나는 증상보다 완화된 특징으로 하루의 대부분 시간에서 우울한 기분을 호소하거나 객관적으로 관찰되고, 우울한 기분이 없는 날보다 있는 날이 더 많다.

3) 파괴적 기분조절 곤란장애

4) 월경 전 불쾌장애

5) 기타 장애

8 알코올 중독

많은 양의 알코올을 섭취하여 알코올에 의존성이 생겨 뚜렷한 정신장애가 있거나 혹은 신체적 정신적 건강, 사회적 직업적 기능, 대인관계 등에 장애가 있는 등의 가능성이 있어 치료를 요하게 될 때 이를 알코올 중독이라고 한다.

1 원인

1) 생물학적 요인

유전적인 요인, 가족력 등이 알코올 관련 장애의 주요한 원인으로 알려져 있다. 한쪽 부모가 알코올 중독이 있을 때 자녀의 알코올 중독 발생률은 20~30%, 일반인에게서 자녀의 알코올 중독 발생률은 2~3%이다.

2) 심리적 요인

심리성적 발달 단계 중 구강기 수준에 고착되어 있다고 가정하고, 부정의 방어기제를 사용하는데 고통스러운 감정과 내부 갈등의 인식과 심한 외상과 관련된 충동들이 초자아의 기준에 맞지 않아 발생하는 정동과 관련된 감정을 부정하게 되는 것이다.

3) 사회문화적 요인

가족, 문화, 종족, 종교 등과 같은 사회문화적 요인과의 관련성이 있다.

4) 스트레스 요인

술은 스트레스원에 대한 조건화된 반응이 되고 술을 마실 때마다 불안이 감소되었던 경험이 강화요인이 된다.

2 DSM-5 진단기준

임상적으로 현저한 손상이나 고통을 일으키는 문제적 알코올 사용 양상이 지난 12개월 사이에 다음 항목 중 최소한 2개 이상으로 나타난다.

- ☐ ① 알코올을 종종 의도했던 것보다 많은 양, 혹은 오랜 기간 사용함
- ☐ ② 알코올 사용을 줄이거나 조절하려는 지속적인 욕구가 있거나 혹은 사용을 줄이거나 조절하려고 노력했지만 실패한 경험이 있음
- ☐ ③ 알코올을 구하거나, 사용하거나 알코올의 효과에서 벗어나기 위한 활동에 많은 시간을 보냄
- ☐ ④ 알코올에 대한 갈망감, 혹은 강한 바람, 혹은 욕구가 있음
- ☐ ⑤ 반복적인 알코올 사용으로 직장, 학교, 혹은 가정에서의 주요한 역할 책임 수행에 실패함
- ☐ ⑥ 알코올 사용으로 중요한 사회적, 직업적, 혹은 여가 활동을 포기하거나 줄임
- ☐ ⑦ 신체적으로 해가 되는 상황에서도 반복적으로 알코올을 사용함
- ☐ ⑧ 알코올 사용으로 인해 지속적으로, 혹은 반복적으로 신체적, 심리적 문제가 유발되거나 악화될 가능성이 높다는 것을 알면서도 계속 알코올을 사용함
- ☐ ⑨ 내성, 다음 중 하나로 정의됨
  - 중독이나 원하는 효과를 얻기 위해 알코올 사용량의 뚜렷한 증가가 필요
  - 동일한 용량의 알코올을 계속 사용할 경우 효과가 현저히 감소
- ☐ ⑩ 금단, 다음 중 하나로 나타남
  - 알코올의 특징적인 금단 증후군
  - 금단 증상을 완화하거나 피하기 위해 알코올을 사용

3 알코올 중독의 단계

알코올에 대한 심리적 의존과 중독의 단계를 거치면서 점차 기능손상이 증가하고 알코올 중독의 증상이 나타난다.

1) 알코올 중독 전 단계

긴장이완을 위해 음주하게 되며 스트레스와 불안감의 일차적 대응수단으로 이용한다.

2) 전구증상 단계

술에 취해 일시적인 기억상실이 나타나는 것이 전구기 시작 증상으로 이 단계에서 대상자는 술을 마치 음료수처럼 마신다. 음주가 중요한 일이 되고 대상자는 죄의식, 불안, 자존감 상실을 느끼고 금주를 약속하며 몰래 마시거나 거짓말을 하거나 변명한다.

3) 위중한 단계

대상자는 점점 자기혐오, 죄책감, 혼돈, 분노를 느끼고 자존감이 낮아진다.

부정과 합리화 기제를 사용하고 성격변화도 심해져 안절부절못하거나 화를 잘 내고 공격적이며 무책임해진다. 신경과민과 우울 및 현실 왜곡이 나타난다.

4) 만성적인 단계

알코올 중독 대상자는 밤 수면 후 경험하게 되는 금단증상의 불편함을 만회시키기 위해 아침 일찍부터 술을 마시고 하루 종일 중독 상태에 있으며, 매일 술을 사기 위해 돈을 필요로 하며 극도로 심한 공포와 환각을 경험하기도 한다.

4 관련 질환

1) 알코올 사용 장애

알코올을 사용하고 싶은 강력하고 압도적인 욕구가 있고 음주의 시작, 종결, 음주량 등을 조절하기가 어렵다.

2) 알코올 중독

알코올 섭취로 인해 의식수준이나 인지능력, 지각, 정동 및 형태 또는 기타 정신생리적 기능 및 반응의 장애를 초래하는 일시적 상태이다.

3) 알코올 금단

알코올을 반복적으로 장기간 섭취하다가 갑자기 중단하거나 줄인 후에 나타나는 증상

❶ 대개 음주를 중단하거나 줄인 이후에 알코올의 혈중 농도가 급속히 감퇴되는 4~12시간 이내에 시작된다.

❷ 금주 후 2일에 절정에 달하고 4~5일에 개선된다.

❸ 급성 금단시기가 지난 후에도 불안 증상이 지속될 수 있다.

4) 기타

알코올 금단 섬망 abstinence delirium, 알코올성 환각증, 알코올성 질투, 알코올성 편집증, 말초신경염, 베르니케 징후와 코르사코프 증후군, 알코올성 치매

II

치료적 관계의 이해를 돕는 심리상담

1. 치료적 인간관계로서의 심리상담
2. 치료적 인간으로서의 심리상담자
3. 치료적 관계를 위한 심리상담 단계
4. 심리상담 이론

여기 심리학이라는 나무기둥이 있다. 심리학은 수학 · 과학 · 철학이라는 나무뿌리에서 자양분을 얻어 인간을 과학적으로 연구하는 학문이다. 심리학이라는 나무기둥은 정신분석 심리학, 분석심리학, 개인심리학, 인본주의 심리학, 행동주의 심리학, 실존주의 심리학, 인지행동 심리학, 발달심리학, 성격심리학, 임상심리학 등 다양한 심리학 가지들로 나뉘고, 이러한 심리학적 이론을 바탕으로 인간관계를 연구하고 개선하는 상담기법들이 잔가지를 치면서 전체 나무 형태를 만든다. 그리고 독서, 음악, 춤, 의미, 웃음, 미술, 산림숲, 원예 등의 중재도구는 치료[therapy]라는 열매로 달려, 아름다운 나무를 완성하게 된다.

원예치료가 다른 치료 중재 도구들과 확연히 구분되는 특징은 살아있는 생명을 다룬다는 것이다. 원예치료 현장에서 생명의 존엄성, 몰입, 자존감을 자연스럽게 연결해주는 생명요소를 대상자에게 적용시키기 위해 치료자에게 요구되는 것은 무엇보다 원예에 대한 깊이 있는 이해가 선행되어야 한다. 하지만 원예치료사[복지원예사]가 원예 지식만을 가지고 원예치료 현장에 있게 된다면 어떤 문제에 직면하게 될 것인가?, '원예활동과 원예치료는 어떤 차이가 있는가?'란 기관 담당자들의 질문에 어떻게 대답할 수 있을까? 또한 직업인으로서 원예치료사의 전문성과 일의 지속적 동기부여는 어떻게 유지할 수 있을까?

열매가 땅에 떨어지기 전에 열매가 열리게 된 과정으로 되돌아가 보자. 원예치료라는 열매는 인간관계를 다루는 상담학의 나뭇가지와 인간을 과학적으로 연구하는 심리학의 나무기둥, '지금 이 순간 여기에서 자신이 원하는 것은 무엇인가?'라는 가치관과 철학적 질문을 제공하는 나무뿌리의 자양분으로부터 시작되었다. 원예치료사 역할을 성공적이고 지속적으로 수행하기 위해 심리상담 이해가 선행되어야 하는 이유다.

1 치료적 인간관계로서의 심리상담

1 심리상담의 의미

1) 개념 및 정의

상담이란 용어는 법률 상담, 금융 상담, 은퇴 상담, 결혼 상담 등 많은 곳에서 다양하게 사용되고 있다. 이 같은 상담 유형들은 개인에 따라 그 목적이 다르게 적용되고 있어 한마디로 정의내리기 어려우나 정보를 가지고 있는 사람이 정보를 필요로 하는 사람에게 조언이나 정보를 제공하여 문제를 해결하고자 한다는 공통점이 있다. 그러나 현대인들이 겪는 다양한 문제들은 지식의 부족에서 오는 문제뿐만 아니라 감정의 부조화, 행동상의 장애 때문에 발생하는 문제이기도 해서 단순한 조언이나 정보와 같은 유형의 상담과 구별된 영역으로서 '전문적인 심리상담'이 필요하게 되었다.

바임[Byme](1995)은 '전문적인 심리상담이란 훈련받은 전문가가 인지적으로 양호한 모든 연령대의 내담자들에게 1) 활동과 개별 자문을 통해 그들의 공통적인 발달 과업들을 성취해 나가도록 도움을 주고, 2) 통상 개인면담을 통해서 내담자들이 자신의 발달을 방해하는 인지적, 정서적, 행동적 장애물들을 점차로 극복해 나가도록 지원을 제공하는 것이다'라고 정의하고 있다.

상담은 '심리상담자가 사람들이 삶의 과정에서 직면하는 개인적 문제를 촉진적 의사소통으로 다룸으로써 그 문제를 현실적으로 해결할 수 있도록 할 뿐만 아니라 반복적으로 일어날 수 있는 여러 가지 삶의 문제를 해결하기 위해 거의 공통적으로 필요한 존재의 용기, 성숙의 의지, 자아관 확립, 창조의 지혜, 수월성 추구와 같은 힘을 기르는 학문적 이론과 실천적 적용의 통합적 체계'이다.

상담은 '도움을 필요로 하는 사람이 전문적 훈련을 받은 사람과의 대면관계에서, 생활 과제의 해결과 사고, 행동 및 감정 측면의 인간적 성장을 위해 노력하는 학습과정'이고, '상담자와의 안전한 관계에서 내담자가 과거에 부정했던 경험을 다시 통합하여 새로운 자기로 변화하는 과정'이다.

이에 정신건강 관련 심리상담 과정은 단순 정보제공보다는 개인의 심리적, 적응적 문제로 전문가에게 도움을 받고자 하는 내담자에게 전문적 훈련을 받은 심리상담 전문가가 도움을 주는 학습과정으로 보아야 한다. 또한 심리상담자와 내담자 간의 신뢰 있는 대면관계를 바탕으로 한 치료적 의사소통을 통하여 궁극적으로 내담자의 자기이해 및 문제해결능력과 인간적 성장을 할 수 있도록 도와주는 과정이다.

2) 생활지도·심리상담·심리치료의 의미

심리상담과 흔히 중복되거나 인접개념으로 기능하는 용어로 생활지도와 심리치료를 들 수 있다. 전문가들은 심리상담과 심리치료에 대한 명백한 차이를 두지 않으려는 것이 일반적인 경향이기도 하지만 각 용어는 적용 대상과 목적, 접근 방법, 전문성에 따라 그 특징을 구별할 수 있다.

생활지도는 주로 학교장면에서 사용되는 교육적 용어로, 객관적 현실에 초점을 두고, 정보제공, 조언, 조정, 지도, 훈련 등과 같은 방법으로 학생들의 생활전반에 걸쳐 현실에 적응하고, 삶의 방향을 정립해 나가도록 도움을 주는 교육적 활동이다.

심리치료는 비정상인을 대상으로 하며, 주로 병원장면에서 사용되는 치료적 용어로, 의학적 접근을 근거로 이상심리 또는 정신병리에 초점을 두고, 진단, 처방, 치료면접, 처치 등의 방법으로 환자의 심층적 심리변화와 정신질병 치료가 목적이다.

심리상담은 정상인을 대상으로 개인의 내면세계에 초점을 두고, 내담자와의 치료적 관계형성과 치료적 의사소통 방법으로 심리적 부적응 문제를 예방과 발달적 관점에서 해결할 수 있도록 도움을 준다.

생활지도 · 심리상담 · 심리치료를 비교의 근거로 '누가 하는가'에 있어서 생활지도는 생활지도 전담교사가 있을 수도 있지만, 심리학, 교육학, 사회복지학 관련 분야의 교육자, 지역사회의 인사가 일반적이고 보편적으로 수행하며, 심리상담은 심리상담학 전공으로 훈련받은 전문가가, 심리치료는 전문성을 지닌 임상심리학 전공의와 정신과의사가 주로 수행한다. 브래머[Brammer]와 쇼트롬[Shostrom](1977) 등은 심리상담과 심리치료를 특징지을 수 있는 말을 다음과 같이 제시하고 있다.

표 2-1 | 심리상담과 심리치료의 특성

심리상담	심리치료
교육적, 직업적, 지시적, 상황적, 문제해결, 의식의 인식, 정상적, 현재, 단기간	지시적(위기상황), 재구성적, 심층의 강조, 분석적 과거에 대한 강조, 신경증 또는 심한 정서적 문제, 장기간

2 치료적 인간관계로서의 심리상담

1) 인간관계·생산적 인간관계·치료적 인간관계의 의미

인간은 사회적 존재로 태어나는 순간부터 인간관계를 맺고 타인과 상호작용하면서 살아가게 되며, 만남이 없는 인간의 삶이란 존재할 수 없다. 이러한 인간관계는 일반적인 인간관계, 생산적 인간관계, 치료적 인간관계로 나눌 수 있다.

① 일반적인 인간관계

둘 이상의 사람이 빚어내는 개인적이고 정서적인 관계를 가리키며 이러한 관계는 추론, 사랑, 연대, 일상적인 사업관계 등의 사회적 약속에 기반을 두며, 개인의 자유의지와 상관없이 이루어지는 관계이다.

② 생산적 인간관계

외부환경이나 타인에 의한 영향보다는 자신의 개성을 견지하고, 자신의 욕구로부터도 자유로운 존재로서 행동하며, 한 차원 높은 곳에서 둘이 하나가 되는 경험을 하게 되는 인간관계이다.

③ 치료적 인간관계

치료사와 내담자가 상호 존경과 문화적 차이점을 수용하면서 궁극적으로 내담자에게 교정적인 정서경험이 되게 한다. 내담자의 성장으로 내담자가 자기인식, 자기수용, 자기존중과 정체감에 대한 명확한 지각과 자기 통합이 이루어지며, 친밀한 상호 대인관계 형성을 목표로 한다. 치료적 인간관계의 목표를 달성하기 위해서 촉진적 의사소통과 적응적 대처기전을 검증하는 인간관계이다.

2) 치료적 인간관계로서의 심리상담

① 참 만남

심리상담에서 치료적 인간관계란 심리상담자와 내담자가 역할관계로 만나 차츰 '있는 그대로의 나'와 '있는 그대로의 너'인 '참 만남'의 관계로 발전해 가는 과정이다. 대부분의 인간관계는 '나 자신의 가면'과 '너의 가면'이 만나서 무의미하게 시간과 에너지를 낭비하는 피상적인 관계인 '스침의 관계'로 머무르게 된다. 주요 이유는 상호 간에 신뢰하지 못하여 상처로부터 보호하기 위한 방어기제를 사용하거나, 자기이해가 부족한 상태에서 관계를 발달시키려 하기 때문이다.

② 전문적 관계

특수화된 지식과 기술, 태도를 지닌 전문가와 대상자와의 관계에서 볼 수 있는 치료적 관계는 전문적 관계로서 원칙적으로 남을 돕는 책임에서 이루어지는 것이 아니라 두 사람 사이에 즐거움과 친목을 위해 이루어지는 사회적 관계와 대비되는 개념이기도 하다.

③ 분명한 목적

치료적[therapeutic]이란 행동이나 기술이 대상자에게 이로운 결과를 줄 수 있는 목적을 가지고 계획된 것을 의미한다. 치료적 관계는 심리상담자가 목적 있게 계획된 활동이나 중재를 내담자에게 유용하도록 제공하는 상호관계의 과정을 의미한다.

2 치료적 인간으로서의 심리상담자

심리상담은 치료적 인간관계로 이루어지고 학습되는 과정이다. 내담자의 성장을 목표로 하는 치료적 관계로서 심리상담의 가장 중요한 도구 중의 하나는 인간으로서의 심리상담자 자신을 들 수 있다. 심리상담의 준비과정으로 심리상담자는 자신의 성격과 심리상담 이론, 진단법과 중재법, 인간행동의 역동과 같은 지식과 기술 습득이 기본이지만, 내담자와의 치료적 관계를 결정짓는 가장 강력한 것으로 심리상담자의 인간적 자질과 경험을 들 수 있다. 내담자가 변화하고 성장하기를 원하는 치료적 관계의 목표를 이루기 위해 내담자에게 영향을 미치는 심리상담자는 자신이 누구인지를 아는 것이 중요하다. 심리상담자의 유능성을 강화하거나 방해하는 욕구, 동기, 가치관, 성격특성을 고려하면서 전문인으로서 자신을 발전시킬 수 있는 방법과 개방적인 자기평가를 통해 자기[1] 인식의 확장이 요구된다.

1 유능한 심리상담자의 특성

1) 자기 인식 : '나는 누구인가'

① 자신의 욕구[2]에 대한 인식

심리상담자의 성격에 내포되어 있는 개인적 욕구로, 완벽하고자 하는 욕구, 양육

1) Jung에 의하면 자기self란 자아의식ego conciousness과는 다른 개념으로 의식의 중심부, 심리적 전체성으로 많은 부분은 무의식으로 구성되어 있다.

2) 참고 : 에니어그램 9가지 성격유형의 특징

하고 도움을 주려는 욕구, 타인의 인정을 받고자 하는 욕구, 특별한 존재를 지향하는 욕구, 유능하고 능력 있다고 느끼려는 욕구, 안전을 추구하는 욕구, 즐거움을 추구하는 욕구, 통제 권력의 욕구, 타인의 존경과 조화로운 관계를 추구하는 욕구에 대한 자기탐색이 요구된다.

② 이타심에 대한 인식 : '나는 왜 다른 사람을 도와주기를 원하는가'

이타심이 심리상담을 성공적으로 이끄는 데 공헌을 하는 것은 사실이다. 하지만 심리상담자가 조력자로서 자신의 심리적 만족을 위해 내담자에게 너무 의존하게 되면, 내담자를 의존적으로 만들어 버리거나, 내담자의 문제에 진정으로 관심을 기울일 수 없게 되거나, 심리상담자의 요구가 내담자의 요구보다 더 커지게 되는 수도 있다. 따라서 효율적인 조력자가 되기 위해 심리상담자 개인의 욕구 충족과 내담자를 도와주고자 하는 욕구 사이에 균형을 유지해야 한다.

③ 감정탐색을 통한 인식 : '나의 주된 정서적 감정은 무엇인가'

내담자를 돕기 위한 심리상담자의 객관적이고 자신의 느낌에 대한 초연함은 때로는 비인격적으로 받아들여지기도 한다. 심리상담자는 자신의 느낌을 인식하고 표현하며, 자기느낌을 이용할 수 있도록 자신의 느낌을 조절할 수 있는 능력을 지녀야 한다. 심리상담자가 느끼는 감정은 자기 자신이나 타인과의 관계에 대한 피드백의 지표가 된다.

④ 가치관의 명료화 : '나에게 중요한 것은 무엇인가'

'가치'란 '주관 및 자기의 욕구, 감정이나 의지의 욕구를 충족시키는 것'(두산백과)으로 소중하거나 의미 있는 것을 의미한다. 가족이나 친구, 문화, 교육 등을 통해 가지게 된 삶의 경험에서 지니게 된 가치는 '가치관'으로 형성된다.

'가치관'은 일상생활에서 내려야 하는 결정과 행동에 대한 하나의 '가치체계' 기준을 제공한다.

심리상담자의 역할은 내담자가 자신의 생각, 감정, 행동을 자각할 수 있도록 안내하고 내담자 스스로의 가치관에 부합되는 최선의 해결책을 찾도록 도와준다. 심리상담자는 내담자에 대한 중재과정에서 심리상담자 자신의 가치관이 무엇인지 인식하고 자신의 신념과 기준을 인식하는 것이 중요하다. 심리상담자의 역할은 적절한 방향으로 내담자를 확신시키거나 설득시키는 것이 아니라 내담자가 어떻게 가치체계를 다루고 자신의 가치체계에 근거한 해결책을 찾는지 가르쳐주는 과정이다. 하지만 심리상담자가 직접적으로 가르치거나 구체적인 가치관을 부여하지 않더라도 심리상담자의 가치관은 내담자에게 영향을 미치게 되어 있으므로 심리상담자의 가치관은 윤리적 의미를 가지게 된다.

따라서 심리상담자가 '가치체계의 인식'을 명료하게 하면, 가치관의 갈등상황을 확실히 알게 되어 어떤 가치를 내담자에게 투사하거나 내담자에 대한 상담자의 정서적 반응이 역전되는 현상을 막아준다.

2) 심리적 건강

상담은 인간이 끊임없이 변화하고 성장한다는 인간관에 기초한 학습 과정이며, 그 과정은 학습이 이루어져야만 성공적이다. 학습은 개인적인 경험이기 때문에 상담자의 의견대로 내담자의 행동을 변화시킬 수는 없다. 내담자 스스로 우러난 자아인식이 결정적이며, 동시에 상담자는 내담자에 대한 인식과 행동변화에 대한 인식이 결정적으로 중요하다.

앤더슨Anderson(1965)은 인간은 누구나 다 신체적인 자아상과 심리적인 자아상을 가지고 있다고 보았다. 자아개념을 구성하고 있는 여러 가지 요소로 첫째, 한 개인이 자기 자신을 어떻게 보는가를 의미하는 '자기 자신이 보는 자아', 둘째, 각 개인은 다른 사람이 자기를 어떻게 보는가에 따라 태도를 발전시키고, 다른 사람의 기대에 맞도록 살아가려고 노력하게 하는 '남에게 보여지기를 바라는 자아', 셋째, 한 개인이 되고 싶어 하는 인간상을 표현하는 '이상적 자아'가 있다.

건강한 사람의 자아인식은 '자기 자신이 보는 자아', '남에게 보여지기를 바라는 자아', '이상적인 자아'가 일치하는 조화된 인식을 지니고 있으며, 이것은 자신의 생활과 좋은 조화를 이루며 자신의 존재 안에서 편안함을 느끼게 한다. 각각의 자아상이 일치되지 않으면, 모순과 갈등상황에 놓이게 되어 건강하지 못한 사람의 자아인식을 지니게 되며, 자신의 존재 안에서 불편함을 느끼게 된다.

로저스Rogers(1968)는 상담의 결론에 도달하면 개개인은 자신에 대해 좀 더 편안함을 느끼고 자신을 더욱 통합된 존재로서 경험하게 된다고 설명한다. 심리상담자가 심리적으로 온전하고 편안하여 자신의 문제 때문에 압도당하지 않는다면 내담자를 좀 더 잘 도와줄 수 있다. 그러나 심리상담자가 일반인보다 더 높은 비율의 심리적인 혼란을 보인다는 연구결과들이 있으며, 심리상담자 자신이 취약한 정신건강 상태에서 이를 인식하지 못하거나 인식하더라도 자신의 문제 때문에 경험하는 불안을 감소시키기 위한 방어기제로 상담이 이용될 수 있다. 자신의 문제와 유사한 인생문제를 가진 내담자를 다른 상담자에게 의뢰하거나 혹은 스스로를 위해 유능한 상담자의 도움을 받을 필요가 있다.

3) 개방성

개방성이란 심리상담자가 자신의 고정관념과 선입견에서 자유로운 것을 말한다. 상담에 있어서 개방성은 첫째, 심리상담자가 자기와 다른 내담자의 감정, 태도, 행동에 적응할 수 있도록 한다. 둘째, 다양한 내담자들과 효과적으로 상호작용할 수 있게 되어 사회로부터 수용 받지 못하거나 공격적이라고 간주되는 내담자들도 잘 대할 수 있게 된다. 셋째, 정직한 의사소통을 위한 필수 조건으로, 심리상담자가 자신을 명확히 이해하고 수용함으로써 상대방에게 있는 그대로 개방할 수 있는 기능이 있다.

다음은 개방에 따른 의사소통의 수준과 자기인식의 정도를 나타내는 조하리Johari 마음의 창문이다(그림 2-1).

① 조하리 마음의 창문

㉮ **제1사분원**개방 영역 : 자신과 타인이 불편하지 않을 정도로 생각, 감정, 기대, 열망 등을 노출함으로써 원활한 의사소통이 이루어진다.

㉯ **제2사분원**[눈먼 영역] **:** 둔하고 자기도취적으로 타인은 나의 모습을 알지만 자기 자신은 그 모습을 알지 못하므로 자기이해가 필요하다.

㉰ **제3사분원**[숨겨진 영역] **:** 자기 자신만 알고 있는 나를 말하며, 자기수용이 되지 못하고, 자기은폐로 인한 불안과 긴장으로 타인과의 생산적인 관계를 맺는 데 지장이 있으므로 자기개방의 용기와 훈련이 필요하다.

㉱ **제4사분원**[알려지지 않은 영역] **:** 자기 자신이나 타인에게 알려지지 않은 나의 면모 등을 말하며, 자기 자신과 타인 이해가 부족하고 타인과 차단된 의사소통을 하게 된다.

그림 2-1 | 조하리 마음의 창문 (Luft, 1970)

② 자기인식을 증가시키는 단계

자기경청, 타인경청, 자기노출, 집중적인 훈련이나 정신분석을 통하여 무의식을 의식화시키고, 1사분원의 크기를 증가시킨다.

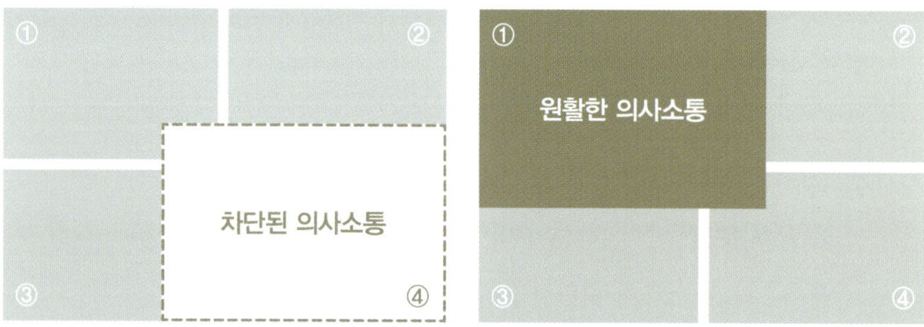

그림 2-2 | 자기인식의 정도에 따른 조하리 창문

4) 역할 모델 : '나는 감정을 조절할 능력이 있는가?'

심리상담자는 내담자에게 하나의 모델로 기능하게 되므로 내담자에게 건강한 성장을 가져오는 행동모델이 되어야 하는 의무가 있다. 심리상담자가 건강하지 않으면 내담자와의 관계에 영향을 주게 되어 심리상담의 효율성을 떨어뜨릴 수 있다. 이는 심리상담자에게 윤리적인 삶을 요구하기 보다는 갈등이나 고통이 있더라도 감정의 지배를 받지 않으면서 성숙하고 건강한 개인생활을 유지할 수 있어야 한다는 것을 의미한다.

5) 윤리의식과 책임감 : '나는 타인을 심리상담할 권리가 있는가?'

윤리의식은 행동을 하는 데 있어서 지침이 되며, 이는 자신의 한계 및 강점을 알고, 자신의 행동에 대해 책임지는 것을 말한다. 심리상담자는 이에 대한 윤리적 문제를 지속적으로 재검토, 변화시킬 수 있어야 한다. 심리상담자에게 요구되는 윤리적 지침을 요약하면 다음과 같다.

① 자신의 욕구와 행동이 무엇인지 인식하고, 심리상담자 자신의 요구들로 인해 내담자를 희생시키지 않는 것이 중요하다.

② 특별한 사례에 관한 윤리강령의 해석과 적용에 있어 비판을 훈련한다.

③ 자신을 안내해 줄 행동 변화의 이론 틀을 가지고 있어야 한다.

④ 치료적 관계를 위협할 수 있는 내담자와의 특별한 관계도 피해야 한다.

⑤ 내담자에게 심리상담의 비밀유지에 영향을 줄 수 있는 상황과 그들의 관계에 부정적인 영향을 줄 수 있는 다른 문제들을 말해주어야 한다.

⑥ 자신의 가치와 태도 인식과 자신의 신념체계의 역할을 알고 자신의 신념을 직접적으로나 미묘한 방식으로 내담자에게 주입시켜서는 안 된다.

⑦ 내담자에게 심리상담의 치료목표, 사용할 기법이나 절차, 치료과정에서 발생할 수 있는 위험, 심리상담을 하려는 결정에 영향을 미칠 수 있는 다른 요인들을 알려주어야 한다.

⑧ 내담자들에게 격려해야 할 것들을 자신늘의 생활에서도 빈드시 실행해 보아야

한다.

⑨ 자신의 문화적 배경을 심리상담 장면으로 가지고 온다는 사실을 알아야 하며, 내담자의 문화적 가치관이 심리상담 과정에 영향을 미친다는 사실도 인식하고 있어야 한다.

⑩ 대부분의 윤리적 쟁점들은 간단하게 해결될 수 없는 복잡한 문제라는 사실을 알고, 윤리적 딜레마에 대해 사고하고 다루는 방법을 배워야 하며, 기꺼이 자문을 구하려는 자세는 전문가적 성숙의 표시다.

2 초보 심리상담자의 직면 문제

1) 불안의 처리

대부분의 초보 심리상담자는 내담자와의 첫 대면에서부터 양가감정[3]을 가지고 임하게 되며, 불안한 마음으로 긴장을 야기한다. 불안은 정상적인 것이며, 그 감정에 어떻게 대처하는가가 중요하다. 불안을 부정하거나 회피하지 않고 상담과정 중에 느끼는 자신의 감정을 있는 그대로 인식하고 수용하며, 다루어 나가야 한다.

2) 완벽주의

'나는 완벽한 심리상담자가 되어야 한다.'는 생각은 비합리적인 신념 중의 하나이다. 인간은 불완전한 존재이며, 초보 심리상담자나 경험자나 누구나 실수는 할 수 있다. 완전한 존재가 아니라 온전한 존재가 되기 위해서 자신의 불완전을 인정하는 용기와 개방적인 자세를 가지는 것이 가치 있는 일이다.

3) 두 가지의 상호 대립되거나 상호 모순되는 감정이 공존하는 상태

3) 공격적인 내담자 대하기

적의를 표현하는 내담자에게 적의를 적의로 대하거나 무시해 버리기도 한다. 내담자에게 지나치게 노력하여, 내담자와의 비생산적인 게임에 말려들거나, 지나친 수용으로 내담자에게 어떤 요구도 하지 못할 수도 있다. 심리상담이 진척되지 않는 것에 대해 내담자 탓을 할 수도 있다. 또한 심리상담자의 편견으로 내담자가 무시했다거나, 반대로 심리상담자가 잘못이 있는 것처럼 쩔쩔매는 경우도 있다. 비협조적이고 공격적인 내담자를 다루는 가장 좋은 방법은 당황하지 않고, 친숙하고 솔직해 지는 것이다.

4) 충고해주고 싶은 마음 참기

즉각적인 조언 또는 충고를 해주거나 내담자의 문제를 해결해 주는 것이 심리상담자의 역할로 혼돈하기도 한다. 심리상담은 내담자가 문제를 지각하고, 행동의 자유와 선택의 권리가 있으며, 스스로 해결할 수 있도록 돕는 과정이며, 심리상담자의 역할은 내담자의 선택을 지지하고 결과를 수용할 수 있도록 대화를 통해 도와주는 것이다. 섣부른 조언이나 충고는 내담자의 의존성을 높이고, 심리상담의 긍정적인 결과를 얻을 수 없다.

5) 유머 사용하기

유머의 사용으로 억압된 것들을 의식화함으로써 통찰력을 향상시킬 수 있으며, 불안감, 사회적인 거리감, 스트레스원을 줄이고 치료적 관계를 향상시킬 수 있다. 하지만 웃음이 불안을 감추거나 위협적 상황을 피할 목적으로 사용되는 경우도 있으므로 초보 심리상담자는 상황을 혼란시키는 유머와 상황을 호전시키는 유머를 구분해야 한다.

6) 침묵의 이해 : '나는 침묵을 견디는 힘이 있는가?'

특별히 외향적인 심리상담자는 심리상담 중의 긴 침묵시간을 견디기 힘들어하고, 아무것도 하지 않는 상황이 두려워 침묵을 깨는 일이 흔하게 일어나다. 침묵은 말을 하는 것보다도 더 많은 교류가 일어나기도 하고, 두 사람 사이에 깊은 수준으로 들어가는 것을 두려워하거나 머뭇거리는 것일 수도 있다. 침묵이 일어날 때 그것이 의미하는 것이 무엇인지 내담자의 반응을 탐색할 수 있는 예민함이 요구된다.

7) 책임 나누기

초보 심리상담자가 흔히 하는 실수는 심리상담의 방향과 결과에 대한 모든 책임을 지는 것이다. 이것은 내담자의 책임 능력을 뺏는 결과를 초래한다. 또 다른 실수는 내담자를 위한 심리상담 계획을 세우고 정확한 평가를 하는 데 대한 책임 수용을 회피하는 것이다. 책임을 분담하는 방법은 치료 관계 초기에 알려야 하며, 회기의 시간과 기간, 비밀유지, 일반적인 목표, 목표 성취를 위한 방법과 같은 특별한 문제를 논의하는 것이 심리상담자의 책임이다. 내담자들은 결정을 내리는 데 있어서 불안을 피하는 방법으로 '마술적인 대답'을 구하지만 내담자 삶의 방향에 대한 책임을 지는 것은 심리상담자의 책임이 아니다.

3 치료적 관계를 위한 심리상담 단계

1 치료적 관계형성

효율적인 상담을 진행하기 위한 상호작용 전 단계는 심리상담자가 내담자에 대한 유용한 자료를 수집하여 앞으로 갖게 될 관계에 대한 아이디어를 형성하는 것이다. 첫 대면은 초기 오리엔테이션 단계로 수용적이고 개방적인 의사소통으로 라포rapport 형성 및 상담의 성격과 역할에 대해 알려주기 위해서 상담 비밀의 보장, 상담 시간과 회기 및 비용의 소개, 상담자와 내담자의 역할과 기대, 서약하기 등의 상담을 구조화하는 시간이다. 여기서 성공적인 상담을 이끄는 조건은 라포와 치료적 관계형성이다. 라포란 관계에 있어 '상호신뢰와 정서적 친근감'으로 이루어진 상태로 치료적 관계형성을 가능하기 위해 반드시 필요한 요소이며, 치료적 관계는 라포보다 광의의 개념이다. 치료적 관계형성에 있어 중요한 촉진요소로는 첫째, 내담자가 경험하고 있는 감정과 개인적인 의미를 정확하게 감지하고 이에 대한 수용적 이해를 내담자에게 전달하는 '정확한 공감', 둘째, 심리상담자의 마음의 태도를 의미하는 '상담자의 진실성', 셋째, 내담자의 행동, 태도, 외모와 같은 외적인 요소들을 고려하지 않고 존엄성과 선천적인 가치를 가진 인간으로 내담자를 대하는 무조건적 관심과 긍정적 존중이다.

1) 공감적 전달

① 비언어적 의사소통

카이네시스kinesic라 불리는 비언어적 의사소통은 무의식 중에 나타난다. 사람들

사이에서 발생하는 대부분의 의사소통에서 비언어적 요소들은 언어적 요소보다 정서의 본질과 강도에 대한 정확한 정보를 더 많이 제공하게 된다. 다음은 비언어적 의사소통의 예이다.

㉮ **적절한 시선 맞추기 :** 사람들은 눈을 통해서 타인과 접촉하며, 어떤 형태의 눈 마주침을 갖느냐에 따라 신뢰와 믿음의 형태도 다르게 나타난다.

㉯ **행동적 단서 :** 머리의 끄덕임, 얼굴표정, 얼굴의 움직임과 자세 등 화자의 기분을 나타내며, 많은 의미를 전달하기도 한다.

㉰ **음성적 단서 :** 감정의 단서가 되는 '음색과 표현속도'로, 소리의 높이, 크기, 강도, 속도, 웃음, 기침 소리 등이다. 거의 주의를 기울이지 않고 무의식 중에 나오는 것으로 타인이 말해주지 않으면 알 수 없는 것들이다.

㉱ **접촉 :** 상대방을 위로하거나 격려하는 신체적인 접촉은 가장 강력한 형태의 비언어적 의사소통이다. 단, 문화와 사회 정서에 따라 전달 메시지에 적합한 접촉의 정도가 결정된다.

㉲ **공간 :** 사람들은 자기 자신의 사적 공간 경계선 또는 사적 영역으로 신체적 공간을 두고 있는데, 홀Hall은 자기 주변의 이러한 영역을 나타내는 것으로 친밀한 거리, 사적인 거리, 사회적인 거리, 공적인 거리 등을 예로 들고 있다. 친밀한 거리는 15cm에서 30cm 이내로 사랑하는 남녀관계나 부모 자식 관계에서 있을 수 있는 가장 근접한 거리에 해당된다. 사적인 거리는 30cm에서 60cm 또는 90cm 정도의 거리이며, 대개 친하고 무난하게 관계를 갖게 되는 거리에 해당된다. 사회적인 거리는 120cm 정도의 거리로서 사무적인 형태의 상호작용을 하게 되는 경우에 해당된다. 공적인 거리는 겨우 이야기를 나눌 수 있는 210cm 이상의 거리로 공적인 것으로 분류되는 활동에서 상호작용할 수 있는 거리에 해당된다.

대인 간 공간을 침범했을 때 상대방으로부터 불편하거나 같은 공간을 원하지 않는다는 비언어적 메시지를 받게 된다. 또한 심리상담자와 내담자 간의 공간에 배치된 책상과 의자는 장애물이나 힘의 상징이 될 수도 있다. 권력과 위협의 측면보다는 평등한 위치가 되도록 조절하여 배열한다.

② 언어적 의사소통

공감을 전달하는 다른 방법은 그들의 의사소통에 있어서 본질적인 부분을 내담자에게 바꾸어 말하는 언어적 반응을 사용하는 것이다.

㉮ **개방형 질문 :** '예', '아니오'나 간단한 대답을 요구하는 폐쇄형 질문은 소통이 단절되기 쉬우며 이와 대비되는 개방형 질문은 내담자를 부담스럽게 느끼지 않도록 하면서 자기의 감정을 자유롭게 표현하도록 돕는 질문양식이다. 주로 '어떻게'라는 말로 질문한다. 상대적으로 '왜'라는 질문은 공격적인 느낌을 주어서 내담자를 방어적이고 불편하게 만들 수 있다.

㉯ **재진술 :** 내담자에게 주의를 전달하기 위한 가장 최선의 방법은 내담자로부터 들었던 주요 생각을 다시 반복하여 말하는 것으로 지나쳐 버릴 수 있는 중요한 사항에 주의를 집중하게 한다. 또한 내담자에게 심리상담자가 자신의 말을 경청하고 있음을 알리고, 신뢰를 줄 수 있다.

㉰ **명료화 :** 내담자가 이야기한 말 중에 명확하게 표현하지 않은 모호한 생각을 심리상담자의 논리로써 짧고 명료하게 피드백해 주는 것이다. 명료화는 특히 추상적인 표현과 현학적인 이야기하기를 좋아하는 내담자에게 유용하며, 내담자 문제를 더욱 깊게 탐색할 수 있게 한다.

㉱ **반영 :** 내담자가 가지고 있는 생각을 간략한 언어로 반복하거나, 표현한 언어

의 내용에 담겨져 있는 느낌을 정확하게 전달하기 위해 내담자가 말하고 있는 언어적, 비언어적 단서들에 민감하게 반응해야 한다.

㉮ 주제 확인 : 내담자가 느끼는 감정, 행위, 경험한 사건을 연결짓는 데 도움을 준다.

㉯ 암시 : 대안적인 아이디어를 내놓는 것으로 내담자가 여러 가지 선택사항에 대한 지각력을 증진시킬 수 있다.

③ 비치료적 의사소통

㉮ 안심 : 실제로 문제가 있는 데도 불구하고 일시적으로 내담자를 안심시키기 위해서 "모든 것이 잘 될 거예요.", "당신은 잘 해 나가고 있어요." 등과 같이 반응함으로써 문제를 최소화 하거나 내담자보다는 심리상담자 자신을 안심시키는 결과가 된다.

㉯ 칭찬 : 내담자의 생각이나 행동에 칭찬하는 반응은 판단하는 권리가 심리상담자에게 있다는 의미를 전달할 수 있다.

㉰ 비난 : "그건 좋지 않아요." 등의 반응은 내담자의 생각과 행동에 대하여 판단할 수 있는 권리를 갖고 있다는 것을 내포한다.

㉱ 거절 : "…은 듣고 싶지 않아요." 등의 반응은 내담자가 대화나 자신이 거절 당한 느낌을 갖게 한다.

㉲ 동의 : "나도 그렇게 생각합니다." 내담자의 판단 기준보다는 심리상담자의 판단을 우위에 두고 있음을 나타낸다.

㉶ **이견 :** "그것은 틀려요." 내담자의 판단기준보다는 심리상담자의 판단을 우위에 두고 있음을 나타낸다.

㉷ **충고 :** "당신이 …을 해야 한다고 생각해요." 심리상담자가 내담자보다 높은 위치에 있음을 암시하게 된다. 충고의 한계점은 심리상담자가 제시한 충고를 내담자가 따르지 않는다는 것이다.

㉸ **탐지 :** "무슨 후회를 하셨단 말입니까?" 심리상담자가 심문하듯이 질문하게 되면 내담자는 방어적이 되거나 화를 낼 수 있다.

㉹ **도전 :** 내담자의 비현실적인 생각과 지각을 증명하도록 답변을 요구함으로써 내담자를 더욱 방어적이 되도록 한다.

㉺ **시험 :** "아직도 그러한 생각을 하고 있나요?"라고 묻는 것보다 "무슨 생각을 하면서 지내는지 나에게 말씀해 주십시오."라는 것이 치료적이다.

㉻ **방어 :** 내담자가 느낀 감정이나 의견을 표현할 권리가 없다는 것을 암시한다.

㉼ **표현된 감정의 경시 :** "뭐 그런 것 가지고 고민 하세요?" 내담자가 표현한 느낌에 대해 가볍게 넘기는 것이다.

㉽ **상투어 :** "날씨가 좋군요!", "용기를 잃지 마세요." 등 의미가 없는 상투적 문구나 틀에 박힌 반응을 하는 경우 대상자의 개별성을 무시하게 된다.

㉾ **관계없는 주제 :** 내담자가 말하고 싶은 주제를 피하거나 주제를 바꾸는 것이다.

④ 대화를 질식시키는 고든의 12리스트

다음에서 제시하고 있는 고든의 12리스트를 살펴보면 심리상담자가 말하는 대부분의 긍정적이라고 생각되는 언어적 표현이 사실은 비치료적 의사소통이 될 수 있음을 알 수 있다.

표 2-2 | 대화를 질식시키는 12리스트 (Gorden.T. 1972)

① 명령하기, 지시하기, 지휘하기	⑦ 평가하기, 인정하기
② 경고하기, 훈계하기, 위협하기	⑧ 별명 부르기, 창피주기
③ 도덕화하기, 설교하기, 생색내기	⑨ 해설하기, 분석하기, 진단하기
④ 충고하기, 가르쳐주기	⑩ 재확인하기, 위로하기
⑤ 설득하기, 논쟁하기, 강의하기	⑪ 증명하기, 질문하기, 취조하기
⑥ 판단하기, 시비하기, 비판하기	⑫ 위축시키기, 웃기기, 방해하기

2) 감정의 반영

① 공감적 이해

공감은 내담자가 느끼는 감정을 심리상담자가 반영해주는 것으로 로저스는 이것을 '공감적 이해'라고 하였다. 이것은 마치 심리상담자가 거울이 되어 내담자의 모습을 있는 그대로 보여주고 반사해 주는 것과 같다. 공감 정도에 따라 상담목표가 용이하고 정확하게 설정될 수 있다.

카커프Carkhuff와 그의 동료들은 공감, 존경, 온정, 구체성, 진실성, 자기노출, 즉시성이란 7가지 조건을 상담 및 심리치료 과정에서 핵심이 된다고 인정되는 훈련모형으로 제시하였다. 이 모형은 여러 심리상담 시범자들의 실제 상담 면접 시의 대화를 녹음한 테이프를 들으면서 심리상담자의 언행 중 위에서 제시한 7가지 조건들의 종류 및 그 수준을 분별하는 것을 학습하는 변별 훈련과정과 직접 역할놀이나 학습을 통하여 보다 높은 수준에서 의사소통할 수 있는 기술을 체계적으로 습득하는 훈련과정을 제시하고 있다. 카커프는 내담자의 호소를 듣고 심리상담자가 보내는 반응을 5척도로 개발하였는데 그 내용은 표 2-3과 같다.

훈련된 심리상담자는 최소한 3.0 이상의 수준을 보여야 하는 것으로 나타났으며,

2.0 이하에 해당하는 반응은 효율적인 조력자라고 볼 수 없다. 위 내용을 바탕으로 표 2-4는 심리상담자의 기초적 수준 이상의 치료적 의사소통 기술과 핵심적인 변별능력을 기술한 내용이다.

표 2-3 | Carkhuff 공감적 반응의 변별척도

수준	척도	반응	특징
최저 수준의 의사소통	1.0~1.5	내담자의 주요관심사에서 벗어나 상담의 흐름을 엉뚱한 방향으로 돌리거나, 충고, 훈계 등과 같은 부적절한 반응	최저 수준의 반응
	2.0~2.5	내담자 호소 내용 중 일부분은 반응해 주고, 나머지 일부분은 공감하지 않거나 언급하지 않음	삭제적 반응
기초적 수준의 치료적 의사소통	3.0~3.5	내담자 호소와 연관된 내용을 내담자의 감정을 첨삭 없이 반영해 주는 반응	정확한 공감 반응
	4.0~4.5	내담자의 진술 뒤에 깔린 감정을 파악하여 공감해 줄 뿐만 아니라, 내담자가 미처 언급하지 않은 마음까지도 헤아려 공감해 주는 반응	첨가적 공감 반응
고차적 수준의 치료적 의사소통	5.0	내담자의 문제를 해결하는 방향으로 활동을 인도하는 반응	활동지향적 반응

표 2-4 | 심리상담자의 치료적 의사소통 기술과 핵심적 변별능력

단계	반응 예
1단계 3~5수준 내담자의 진술을 듣고 공감적 이해를 표명하기	"~하니까 ~하게 느끼시는군요" "~할 때에 ~한 감정이 느껴지시는군요" You feel~~because~~ 또는 when~~
2단계 4~5수준 내담자의 문제점을 규명하고 상담 목표를 규정하기	"당신은 ~에 어려움을 느끼고 있는데 이제부터 ~하고 싶다는 거지요?" You feel~because~you can't~and you want to~
3단계 5수준 상담 목표를 성취하기 위한 방안을 탐색하고 실천에 옮기기	"자 그러면 구체적으로 그 문제에 대한 여러 가지 방안을 함께 생각해 볼까요?"

② 무조건적 존중

로저스는 심리상담자의 기본적 태도를 '공감적 이해'와 더불어 '무조건적 존중'과 '진실성'이라고 보았다. 여기서 '무조건적 존중'이란 심리상담자가 내담자의 행동을 선악의 관점에서 판단하지 않고, 내담자가 오로지 인간이기 때문에 관심을 가지고 이해하고 수용한다는 것을 의미한다.

실제 상담에서 심리상담자는 내담자와 약속한 시간을 반드시 지켜 주고, 지난 시간에 상담한 내용에 대해서 잘 기억하고 있으며, 내담자와 상담한 내용은 반드시 기록하고, 자신이 다루기에 무리가 가는 내담자는 전문적 소양을 갖춘 심리상담 전문가에게 위탁하는 등의 행동으로 '무조건적 존중'을 나타낼 수 있다.

③ 진실성

진실성이란 심리상담자가 자신의 자아개념과 일치하게 행동하고 일관성이 있는 태도를 보이는 것을 의미한다. 여기서 심리상담자가 진실해야 한다는 것은 모든 생각 및 의견과 내담자에 대한 감정을 충동적으로 개방해야 한다는 것과 구별되어야 한다.

④ 구체성

많은 경우 내담자들의 표현은 모호하거나 양가 감정적이고 추상적이다. 구체성은 심리상담자가 내담자를 정확하게 이해하기 위해서 필요한 전문적 기술에 해당한다. 구체성의 요령은 다음과 같다.

㉮ 내담자의 사고나 감정을 이해하지 못할 때에는 "잘 이해되지 않는다. 구체적으로 이야기해 주면 좋겠다."고 솔직히 말할 수 있어야 한다.

㉯ 구체적인 탐색의 목적이 단순히 사실을 탐색하는 것인지 정확한 공감을 하기 위한 것인지를 구별할 수 있어야 한다. 즉 '지나친 질문'과 '구체적인 탐색'을 구별해야 한다.

㉰ 주로 '어떻게'라는 말을 사용하여 의사소통을 추진시키는 것으로, '어떤 느낌',

'어떤 생각', '어떤 상황', '어떤 사건', '어떤 결과' 등 "구체적으로 실례를 들어서 이야기해 달라"고 내담자에게 요청하는 것이다.

표 2-5 | 치료적 관계에서의 상담자의 태도와 내담자의 지각

상담자의 태도	내담자의 지각
공감적 이해	심리상담자는 내가 지금 느끼고 있는 감정과 생각을 알고 있다.
무조건적 존중	심리상담자는 내가 어떤 생각, 어떤 행동을 하더라도 나를 배척하지 않으며 나를 있는 그대로 받아들이고 있다.
진실성	심리상담자는 말과 행동이 같고 또 나를 순수하게 대해 준다.
구체성	심리상담자는 복잡한 나의 문제나 혼란된 마음을 하나씩 짚어 나간다.

⑤ 핵심감정 발견하기

대부분의 내담자들은 감정표현을 억제하도록 교육받았으며, 솔직한 감정표현을 미숙한 인격적 표현으로 간주하는 경향이 있다. 또한 생각과 감정이 미분화되어 구별하지 않고 사용되기도 한다. 가령 "슬픈 생각이 들어요"와 같은 표현은 슬프다는 감정이 생각과 미분화된 예이다. 심리상담자는 내담자의 생각에 공감하고, 핵심감정을 발견해 주는 작업이 필요하다. 핵심감정의 반영은 내담자의 자기이해를 촉진하고 심리상담을 진전시킬 수 있다. 핵심감정과 감정강도를 반영해 줄 수 있는 사티어Satir의 감정단어 목록을 살펴보면 다음과 같다.

표 2-6 | 감정단어 목록

구분	감정단어
기쁜 감정	기쁜, 벅찬, 포근한, 흐뭇한, 상쾌한, 시원한, 반가운, 후련한, 안전한, 괜찮은, 그리운, 상냥한, 편안한, 끝내주는, 멋진, 고마운, 들뜬, 행복한, 즐거운, 친근한, 유쾌한, 따뜻한, 명랑한, 신뢰하는, 좋아하는, 자유로운, 사랑스런, 평화로운, 살맛나는, 흥분되는, 흥미 있는, 희망에 찬, 만족스러운, 감사하는, 낙관적인
슬픈 감정	슬픈, 서운한, 처량한, 울적한, 위축되는, 외로운, 후회되는, 쓸쓸한, 주눅 드는, 공허한, 허전한, 낙심되는, 우울한, 참담한, 무기력한, 죽고 싶은, 막막한, 안타까운, 절망적인, 괴로운, 상처받은, 불행한, 좌절하는, 지친

화나는 감정	화나는, 얄미운, 열 받는, 지겨운, 못마땅한, 불만스러운, 불쾌한, 불편한, 질투하는, 피하고 싶은, 언짢은, 지루한, 괘씸한, 속상한, 원망스러운, 하찮은, 더러운, 귀찮은, 부담스러운, 신경질 나는, 기분 나쁜, 분한, 보기 싫은, 지긋지긋한
고통의 감정	고통스러운, 초조한, 무서운, 긴장되는, 어이없는, 억울한, 당황스러운, 조급한, 두려운, 불쌍한, 어리둥절한, 조마조마한, 답답한, 참을 수 없는, 겁나는, 걱정스러운, 떨리는, 충격적인, 죽을 것 같은, 초조한, 깜짝 놀라는, 심란한, 우려되는
기타 감정	**[신체부위 표현]** 목 메이는, 가슴 아픈, 두근두근하는, 손에 땀을 쥐는, 배가 아픈, 숨 막히는, 눈앞이 캄캄한, **[힘과 관련된 느낌 표현]** 활기찬, 의기양양한, 당당한, 자신만만한, 듬직한, 무기력한, 왜소한, 힘겨운, **[부끄러움, 죄책감, 의심을 표현]** 부끄러운, 미안한, 서툰, 놀림 받는, 창피한, 수치스러운, 걱정스러운, 쥐구멍이라도 들어가고 싶은, **[소외감이나 기타 느낌을 표현]** 그저 그런, 피곤한, 버려진, 쉬고 싶은, 정리가 안 된 듯한, 나태한, 긴장이 풀리는, 무관심한

2 내담자 문제평가

1) 내담자 평가와 심리진단을 위한 정보수집

가장 적합한 심리상담 개입전략을 위해 내담자 현재 상태에 대한 평가가 필요하며, 상담면접 중에 직장생활과 학업, 교우 및 대인관계, 가족관계에서 내담자가 현재 기능하는 수준, 문제가 발생하기 이전의 기능 수준, 내담자의 가족배경과 발달사가 현재에 미친 영향정도와 내담자 자신의 역기능적인 사고, 감정, 행동이나 특성, 내담자가 당면한 문제를 해결하는 데 유익한 자원과 내적인 강점 등의 전반적인 상황조사가 이루어진다. 내담자 평가 시 심리상태가 정상인지 비정상인지를 구별하기 위해 진단이 요구되는 상황에서는 이상심리 전문가로부터 DSM-5 체계[4]에 의한 분

4) 이상행동과 정신장애의 분류체계인 DSM-5는 미국정신의학회에서 발간하는 정신장애의 진단 및 통계편람의 5번째 개정판이다.

류가 가능한 심리진단을 받도록 조처할 필요가 있으며, 심리상담자는 다면인성검사 MMPI와 같은 심리검사를 실시할수 있다. 심각한 정신과적 질환경향을 보이는 내담자는 정신과 의사에게 위탁하도록 조처한다.

내담자 평가와 진단을 위해 심리상담자는 다음의 정보를 수집할 수 있다.

---

① 내담자의 언어적, 비언어적 의사소통의 불일치 등을 관찰하여, 역기능적 행동유형에 대한 단서를 찾아 낼 수 있다. 내담자의 호소에서 반복적으로 나타나는 주제나 문제 행동양식에 주목할 수 있다.

② 가족, 동료, 교사 등을 면접하여 내담자의 행동특성과 발달사에 대한 정보를 얻을 수 있다.

③ 내담자의 심리적 역동에 대하여 보다 포괄적인 이해를 얻기 위해 심리검사나 심리학적 도구를 사용할 수 있다. 가령, MBTI검사, 가족화, DAP Draw-A-Person 검사, HTP House-Tree-Person 검사, 문장 완성 검사, 내담자 가족의 직업, 나이, 질병유무, 결혼관계, 가족 간 친밀도 등을 나타내는 가계도 genogram 를 그려보게 한다.

내담자 평가를 위해 심리검사는 꼭 필요하다고 생각되는 사례에 한하여 실시하는 것이 바람직하며, 반드시 실시해야 하는 것은 아니다. 심리상담자는 내담자와의 의사소통만으로도 내담자의 문제를 탐색하고, 상담목표를 수립할 수 있다.

2) 내담자 욕구

① 동기 · 행동 · 욕구

내담자의 문제행동을 정확히 이해하기 위해서는 행동을 유발하는 인간의 복잡한 내적 상태인 동기를 이해해야 한다. 동기는 인간의 욕구가 행동으로 나타날 수 있도록 작용하는 매개변인으로 이해할 수 있다(그림 2-3). 동기는 일반적으로 욕구, 욕망, 충동 등으로 구성되어 있으며, 행동은 욕구 충족을 위한 수단이다.

그림 2-3 | 욕구 · 동기 · 행동의 관계

따라서 동기를 이해하기 위해서는 행동을 유발시키는 욕구를 이해하여야만 가능하며, 문제행동을 유발하는 욕구가 무엇이며 기본적인 욕구 중에서 어떤 욕구의 충족이 방해받고 있는가를 알아봄으로써 내담자 문제규명이 가능하다. 대표적인 욕구이론으로 매슬로우Maslow의 욕구계층 이론, 포터Porter의 욕구계층 이론, 알더퍼Alderfer의 이론을 들 수 있다.

표 2-7 | 대표적 욕구이론들

Maslow의 욕구계층	Porter의 욕구계층	Alderfer의 ERG 욕구
자아실현 욕구self-actualization needs	자아실현 욕구needs for self-realizaton	성장 욕구
존경의 욕구	자율성 욕구	
사회적 욕구	자존 욕구	관계 욕구
안전의 욕구	친화 욕구	
생리적 욕구	안정 욕구	생존 욕구

욕구와 관련된 이론의 기본 가정은 욕구가 목표지향적인 행동을 창출하고 유지하며, 평형상태가 불균형을 이루거나 욕구 결핍을 느낄 때 욕구행동이 나타나며, 욕구는 상 · 하위 수준으로 우선순위가 정해지며, 욕구가 충족되면 그것은 더 이상 동기 유발 되지 않으며, 기본적으로 우리 모두는 동일한 욕구의 우선순위를 공유한다는 것이다.

3 상담목표 설정

1) 목표 설정의 구성

① 과정목표

상담관계에서 심리상담자와 내담자 사이의 상호작용 과정에서 기대되는 라포형성, 편안한 분위기의 조성, 감정이입과 긍정적 존중의 전달과 같은 것이며, 모든 상담관계에 일반적으로 적용되는 보편적인 목표다.

② 결과목표

심리상담자와 내담자가 효과적인 상담을 이루기 위해 함께 노력하기로 동의하고, 공유한 목표를 말한다. 여기에는 변화되어야 할 행동을 시도할 수 있는 상황고찰, 변화된 행동이 일어날 수 있는 조건, 적절하고 현실적인 수준의 변화를 선택하는 등의 세 가지 요소가 명확하게 관찰가능한 행동적인 용어로 기술되어야 한다.

③ 목표 설정의 내용

㉮ 내담자가 현실적 상황에서 원하는 것에 근거한 단기적인 목표와 꿈과 이상, 근본적 욕구에 근거한 장기적 목표를 설정한다.

㉯ 심리상담자가 중요시하는 내담자문제에 대해서도 상담의 목표에 포함되도록 내담자와 협의한다.

㉰ 내담자와 심리상담자의 가치관이 상충할 때에는 상담목표 수립 과정에서 그 문제를 우선적으로 고려하는 시간을 갖도록 한다.

㉱ 내담자가 처한 현실적 환경과 가치관을 고려하여 상담목표를 설정한다.

2) 목표 수립을 위한 기법

① 질문

내담자가 아직 드러나지 않은 목표를 “어떤 점이 변화되었으면 하나요?”, “앞으로 어떤 생각이나 기분을 지니고 살고 싶으신가요?”, “바라는 변화는 어느 정도

인가요?", "상담이 성공적이려면 어떤 변화가 일어나야 할까요?" 등 구체적으로 진술할 수 있도록 한다.

④ 직면

직면은 내담자 개인에게 초점을 맞추거나 행동에 대해 심리상담자가 비판하고 지적하는 것이 아니라, 내담자가 보이는 모순되는 생각, 감정, 행동에 초점을 두고 지적해 주어 내담자의 자각을 도와주는 가장 효과적인 상담자의 반응이라고 정의할 수 있다. 또한 내담자의 감정을 그대로 반영하는 감정적 반영과는 달리 직면은 내담자의 행동을 그대로 반영해주는 행동 지향적 반응이다. 상담 장면에서 자주 나타나는 내담자의 불일치나 모순의 경우는 다음과 같다.

㉮ 내담자가 말한 내용과 행동방식 사이의 불일치(예 : 자신은 말이 적은 유형이라고 말하면서 실제 면접회기에서 거리낌 없이 말하는 내담자)

㉯ 내담자가 말한 자신의 감정과 행동방식 사이의 불일치(예 : 자신은 편안하다고 말하고 있지만, 계속해서 불안한 행동을 보이는 내담자)

㉰ 내담자의 두 개의 언어적 메시지 사이 불일치(예 : 자신의 행동을 변화시키길 원한다고 말하지만, 바로 다음에 자신의 행동이 잘못된 이유를 모두 타인에게 전가시키는 내담자)

이 경우 직면은 "당신은 ~라고 말했지만 그러나 ~처럼 보입니다."라는 문장 형태를 지니고 있다. 내담자가 직면을 수용하는 데는 (1) 부정否定의 단계, (2) 조건부적 수용과 분노의 단계, (3) 문제의 수용과 인정의 단계, (4) 새로운 태도와 행동의 단계 (5) 포괄적인 변화와 초월의 단계 등 임종환자들의 수용단계와 유사한 다섯 단계가 있다. 만약 내담자가 직면을 수용한다면 그것은 그가 마음을 열고 자신을 객관적으로 바라보고 변화할 준비가 되어 있다는 뜻이며, 수용하지 못한다는 것은 그가 아직 경직된 자아 속에 머물러 있고, 상담자 개입이 서투르거나 시기상조인 것을 의미할 수도 있다.

③ 능력-잠재력 반응

심리상담자가 내담자에게 특정한 유형의 행동에 참여할 수 있는 능력과 잠재력이 있음을 암시해 주는 방식이다. 가령 내담자가 "내 감정을 사실대로 말한다면 그가 매우 화를 낼 것 같아요."라고 말하면 "좀 더 생각해보면, 당신의 감정을 효과적으로 전달할 수 있는 좋은 방법이 있을 겁니다."라며 "가능할 겁니다."라는 문장내용으로 반응하는 것이다.

4 전략과 개입

1) 심리상담 이론의 선택

상담이론에 대한 관점과 접근방법은 상담자 자신의 가치관과 성격을 바탕으로 발전하는 것이다. 따라서 심리상담을 처음 접할 때 상담자로서 자신의 성격과 관련 지어서 공부하는 것은 매우 유익한 일이다. 현재 상담이론의 모든 접근 방법에는 그 나름대로 유용한 측면이 있으며, 한 이론을 따른다고 해서 다른 이론을 배척하거나 자신의 개인적 편견이나 선입견에 맞는 일부 이론만을 채택해서는 안 될 것이다. 체계적인 방식으로 여러 접근 방법을 통합하려는 노력과 개방적인 자세로 다양한 이론을 이해하면서 자기에게 적합한 개념과 기법들을 찾으려고 노력할 때 비로소 내담자를 이해하고 도와 줄 수 있는 능력을 갖추게 될 것이다(4장 상담이론 참조).

2) 심리상담 단계별 중심과제

심리상담 전략의 구상을 위해 일반적으로 상담의 다섯 단계에서 다음과 같은 질문을 고려할 수 있다.

① 1단계 중심과제 : 친밀감의 형성과 구조화

'이 내담자와 친밀감을 형성하고 발전시키는 데 예상되는 특별한 문제점이 있는가?', '첫 번째 면접을 어떠한 구조로 구성할 것인가? 당신은 어떤 상담이론을 사용하려고 하는가?'

② 2단계 중심과제 : 문제점 규명하기

'예상되는 내담자의 주요 문제점은 무엇인가', '내담자가 가지고 있는 강점은 무엇인가?', '내담자와 심리상담자는 어떤 방법을 사용하여 문제점을 규명하려고 하는가?', '내담자의 사고와 의미, 감정, 행동 중 어느 면에 강조점을 두려고 하는가?'

③ 3단계 중심과제 : 심리상담 목표 설정하기

'심리상담을 통하여 얻게 되는 결과 목표는 무엇인가?', '내담자가 그리는 이상적인 자기 모습이나 환경을 어떻게 도출해 낼 것인가?'

④ 4단계 중심과제 : 대안의 탐색과 실천

'어떤 형태의 대안들이 도출되어야 하는가?', '어떤 심리상담 이론을 내담자에게 소개해 줄 것인가?'

⑤ 5단계 중심과제 : 실생활에서의 일반화

'내담자가 상담에서 익힌 새로운 삶의 방식을 일상생활에 적용해보기 위해 구체적으로 어떤 계획을 가지고 있는가?', '심리상담을 받고 나서 생활이 변화하였고, 효과가 있었다는 것을 어떻게 알 수 있는가?

5 관계종결

1) 심리상담 종결 시기 결정

심리상담 종결은 내담자가 상담을 받다가 상담을 하지 않고 기능하는 상태로 전환되는 시점을 말한다. 일반적으로 내담자 문제가 완전히 해결되어서가 아니라 심리상담자와 내담자 간 합의되었던 상담의 목적이 이루어졌을 때, 즉 내담자가 어느 정도 만족할만한 적응능력이 생겼을 때이다.

심리상담자는 내담자가 상담에 임하는 자세가 좋아지고 있으며, 갈등상황에서 잘 적응하고 대처한다고 이야기할 때, 심리상담자에게 부적응적인 대인관계 패턴에 의존하거나 편견 없이 현실에 근거한 방식으로 반응할 때, 주변의 중요한 사람들이 내담자가 많이 달라졌다고 피드백할 때 등의 태도와 반응으로 종결 시기를 결정하게 된다. 내담자가 호전을 보일 때 상담을 종결할 때가 되었음을 미리 예고하고 심리상담자와 내담자가 함께 종결 시기를 합의한다.

2) 내담자 감정표현과 추수상담

종결은 '성공의 지표'일 수도 있지만 '상실의 경험'이기도 하다. 의존적이고, 호소 문제가 중대한 내담자일수록 상담 종결에 대한 불안이 클 수 있다. 심리상담자는 내담자 변화에 대한 기쁨과 긍정적인 평가, 헤어짐의 섭섭한 감정 등 종결과 관련된 감정들을 내담자에게 먼저 표현하는 것이 바람직하다. 또한 불안한 내담자에게 앞으로도 상담서비스를 받을 수 있으며, 추후 연락할 수 있는 방법들을 제시하는 등의 추수 상담 가능성도 말할 수 있다. 이 같은 추수상담은 내담자뿐만 아니라 내담자가 상담종결 후 계속 시도하기로 한 상담 후 활동의 계획이 성공했는가를 확인하기 위해서 심리상담자가 원할 수도 있다.

3) 종결을 위한 평가

종결 기간에는 심리상담 초기에 내담자와 계약한 상담목적들이 논의되고, 목적과 관련된 변화들을 파악하며, 변화로 인한 상황적 결과들을 나열해보는 등의 평가 작업을 하게 된다. 상담의 진행 상태를 평가한 후에는 진행상태 평가를 요약하여 내담자에게 전함으로써 상담관계를 내재화하려는 내담자의 노력이 증대되고, 심리상담자에게는 내담자 관찰에 필요한 유의사항들을 주지시킬 수 있다.

내담자 변화를 확인하고 나서, 심리상담자는 내담자가 '지금까지 배운 사회기술을 어떻게 적용할 수 있는지', '문제 상황에서 어떻게 대처할 것인지' 등의 질문을 통해 내담자의 적응능력을 알아보게 되며, 이렇게 변화된 행동, 태도, 관계를 내담자의 세계에 일반화시키는 일에 집중해야 한다.

4 심리상담 이론

이 장에서는 역동적 심리학의 이론을 기초로 한 정신분석적 상담, 인본주의 심리학을 기초로 한 인간중심적 상담, 학습원리를 응용한 행동수정적 상담을 주로 다루고자 한다.

1 정신분석적 상담

정신분석적 상담은 무의식적 갈등을 훈습working-through의 과정으로 의식화시켜 개인의 성격구조를 재구성하는 것이며, 적응적이고 문제해결적인 자아의 기능을 강화하고 지적 인식을 돕는 데 그 목표를 두고 있다. 정신분석적 상담에서 내담자에 대한 기본개념과 주요기법은 다음과 같다.

1) 기본개념

인간관은 비관적이고 결정론적이다. 프로이드Freud는 인간 행동과 성격 형성에 무의식적 동기와 생물학적 욕구 및 충동, 생후 5년간의 생활경험이 중요한 결정요인이라고 보았다. 그러나 프로이드 이후 신 정신분석학파인 융Jung, 아들러Adler, 랭크Rank와 호나이Horney, 프롬Fromm, 설리반Sullivan 등은 이러한 결정론적 인간관에 반기를 들고 인간행동에 사회적, 문화적, 대인 관계적 요인들이 포함되어 있음을 강조하고 있다.

2) 상담기법

① 해석

자유연상, 꿈, 저항, 전이 등을 분석하고, 그 속에 담긴 행동상의 의미를 내담자에게 지적하고 설명하는 기본적인 절차이다. 해석하는 내용은 내담자가 소화해 낼 수 있는 정도의 수준이어야 하며, 저변에 깔려 있는 무의식적 감정 및 갈등을 해석하기에 앞서 저항과 방어를 먼저 지적해 주어야 한다.

② 자유연상

내담자가 자유연상을 하는 동안 자유연상의 계열이나 흐름을 살펴서 무의식 속에 억압되어 있는 주요 자료를 찾아내서 해석해줌으로써 무의식적 심리과정을 이해할 수 있도록 한다.

③ 꿈의 분석

방어가 약화되어 있는 수면 중에는 억압된 욕망과 감정이 의식표면에 떠오르게 된다. 꿈의 내용은 꿈에 나타난 그대로의 '현재몽'과 현재몽이 상징하고 있는 '잠재몽' 두 가지가 있는데 고통스럽고 위협적인 '잠재몽'을 덜 고통스럽고 비위협적인 '현재몽'으로 바꾸는 작업을 꿈의 작업이라고 한다. 꿈의 분석은 이러한 꿈의 속성을 이용하여 무의식적 자료를 찾아 정리해 줌으로써 내담자의 내면세계와 문제영역에 대한 통찰을 도와주는 절차이다.

④ 저항

저항은 자신에게 위협이 되기 때문에 억압되거나 부정되던 자료들을 의식세계로 끌어올리지 않으려는 것으로 정의할 수 있다. 내담자들이 개방적이고, 변화할 준비가 되어있다는 가정하에 심리상담자가 내담자의 감정을 지나치게 서둘러서 다루려고 하거나, 깊숙이 탐색하려고 할 때 변화하고자 하는 준비가 미처 되지 않은 내담자들에게서 개인적으로 다루고 싶지 않은 감정을 탐색하지 못하도록 방해하는 행동인 저항이 야기된다.

내담자 저항이 관찰되면 있는 그대로 기술하고, 느끼는 대로 지적할 수 있는 민감함과 즉각적인 반응을 할 수 있는 심리상담자의 능력이 필요하다.

⑤ 전이

내담자가 자신의 과거의 삶에서 중요한 인물에 대해 느꼈던 감정이나 생각 등을 심리상담자와의 관계로 옮기는 무의식적인 반응을 말한다. 우울이나 의기소침으로 관계가 호전되지 않았을 때 지속적인 침묵으로 나타나는 '분노와 적대감의 내재화', 반항적이고 흥분상태로 나타나는 '적대감의 외재화', '의존적인 현상' 등으로 나타난다. 내담자가 처음 만나는 심리상담자에게 화를 냈다면 대부분의 경우 내담자의 전이현상에서 비롯된 것임을 알아야 한다.

⑥ 역전이

내담자의 특성으로 인하여 심리상담자에게 일어난 정서적 반응은 '강한 사랑이나 돌봄 반응', '강한 혐오감이나 적대감 반응', '내담자가 보이는 저항에 대한 강한 불안 반응'의 유형으로 나타난다. 이유 없이 혐오감을 일으키는 내담자에게 심리상담자는 자기의 죄책감을 보상하기 위하여 내담자를 좋아하려고 노력하기도 한다. 혐오감이 어디에서 비롯되었는지 스스로 분석하는 자세를 갖는 일이 우선 되어야 한다. 이처럼 역전이에 따른 심리상담자의 대처로는 자신의 내적인 상태를 탐색하는 것이다.

3) 정신분석적 상담의 영향과 제한점

정신분석적 상담은 내담자 가족역동과 방어기제를 이해하는 데 도움을 줄 수 있으며, 심리상담자에 대한 내담자의 전이감정 해소를 통하여 정서적 성숙을 기할 수 있다.

제한점으로는 심리상담자가 정신분석적 상담을 진행하기 위해서 오랜 훈련을 받아야 하고, 내담자는 많은 시간과 경비를 들여야 한다는 점이다. 또한 개인의 사회적, 문화적, 대인 관계적 요인을 무시하고, 본능적, 생물학적 요인만을 강조한 점과 문화적으로도 접근이 어렵거나, 충동적이고 자아상태가 약한 내담자에게는 적합하지 않다는 점을 들 수 있다.

2 인간중심적 상담

1) 기본개념

인간중심적 상담은 로저스에 의해 창시된 것으로 '인간에게는 스스로 자신의 길을 발견하고 성장해 나갈 수 있는 잠재능력이 있다.'는 것이 기본 철학이다.

내담자에게 영향을 주는 상담 관계의 핵심은 심리상담자의 솔직성, 긍정적 존중, 공감적 이해의 성격특성과 태도이다. 이러한 태도가 만들어 내는 상호신뢰의 관계에서 내담자는 방어적 태도를 버리고, 자신의 감정, 욕망, 가치판단 등을 공개함으로써 자신의 문제를 파악하고, 왜곡된 지각을 수정할 수 있다. 인간중심적 상담의 궁극적인 목표는 내담자의 자기실현 촉진이다. 로저스는 인간이 사회적이고 미래지향적인 존재이며, 자기실현 의지와 선한 마음을 갖고 태어난다고 보았다. 따라서 인간은 부적응 상태를 극복하고 정신적 건강상태를 되찾을 수 있는 능력을 갖고 있다. 심리상담자는 해결책을 알고 있는 권위적 존재가 아니며, 상담에 대한 책임을 내담자에게 맡긴다.

2) 상담기법

심리상담자는 반영, 명료화, 공감적 반응 등을 주요 기법으로 사용하고 있다. 이론의 접근 방법은 허용적이며 비간섭적인 분위기 속에서 내담자의 감정을 수용하고 명료화해주는 비지시적 접근[1940~1950], 내담자의 표현에서 어의적 의미보다는 감정적 의미에 민감하게 반응하는 반영적 접근[1950~1957], 심리상담자가 내담자와의 관계에서 느끼는 자신의 감정을 직접적으로 표현하는 것이 강조되는 경험적 접근[1957~1970], 심리상담자의 공감적 태도가 내담자 변화와 성장의 기본 요인이라고 본 공감적 접근[1970 이후] 발달 과정으로 변화되어 왔다.

3) 인간중심적 상담의 영향과 제한점

로저스의 인간관은 인본주의 심리학의 발전과 사회적으로 많은 영향을 끼쳤으며, 개인상담뿐만 아니라 집단상담 운동에 공헌했다. 특히 위기중재상담, 부부상담, 가족상담, 지역사회 프로그램, 인간관계 훈련에 이 원리를 적용할 수 있다.

제한점으로는 심리상담자의 기본철학 이해, 인격, 소양이 중요시 된다는 점이다. 또한 내담자에게 소극적으로 반영만하고, 비지시적, 비구조화, 기법이 없는 것이 적극적 개입을 요구하는 문화권의 내담자에게는 적합하지 않게 생각될 수 있다.

3 행동수정적 상담

1) 기본개념

행동수정은 실험적 연구에서 밝혀진 학습 원리를 심리상담에 응용한 것이다. 학습된 부적응 행동을 없애고, 보다 효과적으로 바람직한 행동을 새롭게 학습시키는 것이 행동수정적 상담의 주요 목표이다. 심리상담자는 내담자의 행동을 수정하고 통제하게 되며, 내담자는 심리상담자의 지시 아래 일상생활에까지 확대시킬 수 있는 행동반응을 상담 장면에서 능동적으로 참여하고 훈련한다.

인간의 행동이 자연현상처럼 일정한 법칙성을 지니고 있다는 가정하에, 행동에 영향을 미치는 여러 가지 변인들과 행동지배 법칙을 밝혀 낼 수 있다면 인간의 행동도 예언하고 수정할 수 있다고 보았다. 초기 행동 수정자들은 결정론적 입장에서 조건형성의 원리를 이용하여 문제 행동 및 반응의 수정을 주로 다루었으나 지금은 내담자의 감정통제와 사고방식 수정도 중요시한다.

2) 상담기법

대표적 기본원리는 파블로프Pavlov의 고전적 조건형성과 스키너Skinner의 조작적 조건형성이다. 고전적 조건형성 원리를 응용한 기법은 단계적 둔화와 혐오 치료가 있고, 조작적 조건형성의 원리를 응용한 기법은 긍정적 강화, 행동조성, 자기표현 훈련, 모방학습 및 환권보상 치료 등이 있다.

① 단계적 둔화

공포 및 불안을 끌어내어 불안위계 목록을 만들고, 근육이완 훈련으로 이완상태에 도달하면 가장 낮은 수준의 불안부터 높은 수준의 불안을 일으키는 장면까지 단계적으로 상상시킴으로써 불안을 느끼지 않게 한다. 대인관계 공포, 시험 공포, 신경증적 공포, 성적부적응을 치료하는 데 활용된다.

② 자기표현 훈련

주로 대인관계 문제해결에 쓰이며, 내담자는 역할 바꾸기로 자신의 감정과 의사를 연습한다. 이 훈련은 집단적인 훈련프로그램으로 많이 실시되고 있다.

③ 혐오 치료

증상이 나타날 때마다 고통스런 혐오자극을 가하여 문제행동을 소거시키는 치료법이다. 혐오자극으로는 전기충격이나 구토제가 사용된다. 문제행동으로 약물중독, 흡연, 강박증, 성도착증, 도박, 알코올중독 등에 유용하게 쓰인다.

④ 긍정적 강화

내담자가 바람직한 행동을 할 때마다 체계적으로 보상을 주어 그 행동을 강화시키는 방법이다.

⑤ 모방학습

다른 사람이 행동하는 것을 보고 새로운 행동과 반응을 학습할 수 있다.

⑥ 환권보상 치료

환권Token을 주어 나중에 음료수, 입장권 등 내담자가 원하는 물건이나 권리와 바꿀 수 있도록 하는 것을 말한다. 어린이 행동수정에 유용한 방법이다.

3) 행동수정적 상담의 영향과 제한점

실험실에서 얻어진 결과의 경험적 타당성에 근거한 실용주의적 접근으로 부적응행동을 바람직한 행동으로 유도하는 데 가장 유망한 치료법으로 사용되고 있다. 개인, 집단, 부부, 가족상담 등에 널리 적용되며, 이상 행동의 예방과 소아과, 노인의학,

스트레스 조절 등의 영역에도 적용되고 있다.

제한점은 행동수정이 증상의 근본적 원인에 대한 통찰 없이 증상 자체만을 제거한다는 것과 내담자 환경변인 통제의 어려움, 사회적 적응 같은 광범위한 문제적용의 어려움이 있으며, 자기실현을 추구하는 내담자에게도 부적합하다.

4 기타 상담이론들의 종합적 이해

앞에서 정리한 정신분석적 접근에서는 무의식적 동기를, 인간중심적 접근에서는 주관적 경험의 세계를, 행동수정적 접근에서는 생산적 행동의 형성을 각각 기본적 접근대상으로 삼고 있다. 하지만 모든 상담이론들의 접근 방법에서 공통적으로 나타나는 것은 상담 과정의 노력은 자기이해의 촉진이며, 상담의 결과는 대인 관계의 학습이나 불안 및 긴장의 감소이며, 상담자의 개입은 내담자의 수준 및 문제의 속성에 맞게 점진적으로 진행된다는 것이다. 위 내용을 바탕으로 기타 주요 상담이론들의 개요(표 2-8), 상담이론의 체계(표 2-9)를 정리하였다.

표 2-8 | 기타 주요상담이론들의 개요

아들러[Adler]학파 개인주의 상담

기본개념 긍정적 인간관을 강조한다. 인간은 사회적 관심과 목표추구에 의해 동기화되며, 생애과제를 처리한다. 상담의 목표는 내담자의 기본 전제와 인생목표에 도전하기, 잘못된 동기를 변화시키고 다른 사람과 동등한 감정을 갖도록 돕기이다.

상담기법 재해석, 격려, 직면, 해석, 개인의 생애사에 대한 자료(가족의 위치, 초기 경험의 재생), 치료계약, 과제부과, 질문의 사용, 역설적 의도, 제안 등 여러 기법을 적용

지시적[이성적] 상담 E. G. Williamson / D. G. Paterson / E. S. Bordin

기본개념 인간은 선과 악의 잠재력을 공유하고 있으며, 교육을 통해 변화한다고 본다. 인간 선[善]의 본질은 자기실현이며 이 과정에서 타인의 조력과 개인의 합리적 노력이 필요하다. 내담자가 합리적인 문제해결과 선택을 하게 하고, 자기이해, 자기지도, 자기성장을 촉진시킨다.

상담기법 라포 형성, 자기 이해의 개발, 조언이나 실행 계획의 수립, 계획의 실천, 타 전문가에게 의뢰, 적극적, 지시적 그리고 교수적 방법을 쓰며, 심리검사의 적극적 활용을 필요로 한다.

합리적-정서적 상담[REBT 논리요법] A. Ellis

기본개념 인간은 합리적 사고와 동시에 비합리적 사고를 한다. 개인의 비합리적인 신념체계는 정서장애의 원인이므로 내담자는 자신의 신념체계의 타당성을 검토해야 한다. 따라서 상담의 목표는 내담자의 삶에서 자기 패배적 관점을 제거하고 보다 참을성 있고 합리적 관점을 얻도록 돕는 것이다.

상담기법 비합리적 신념의 논의, 인지적 과제의 이행, 언어와 사고유형을 변화시키기 등의 인지적 기법, 역할연기 이미지 기법, 부끄러움, 공격연습 등의 정서적 기법, 내담자가 치료에서 요구되는 힘든 작업을 하는 데 사용하는 행동적 기법이 있다.

현실치료 상담 W. Glasser

기본개념 인간은 자기결정적인 존재이며, 삶에 책임을 진다는 가정하에 삶을 효율적으로 통제하도록 가르친다. 내담자는 '성공적인 정체감' 또는 '실패적인 정체감'을 갖고 있다. 그들의 선택된 행동에 의해 감정이 창조되고, 지각이 통제된다. 따라서 상담의 목표는 내담자가 정서적으로 강해지고, 개인의 책임성을 충분히 받아들인 합리적 사람이 되도록 돕는 것이다.

상담기법 행동적이고 직접적이고 교시적인 치료법이다. 내담자가 현재 행동이 효율적이지 못하다고 판단하면, 변화를 위한 계획을 세워 그 계획을 실천할 수 있다. 계약은 내담자에게 초점을 두는 방식으로 책임성 있는 측정과 평가로 사용된다.

실존주의적 상담 V. Frankl / M. Boss

기본개념 '인간이 된다는 것은 무엇을 의미하는가?'라는 인간조건의 본질에 초점을 둔다. 성격발달은 각 개인의 독특성에 기초하며, 중심사상은 자기 자각 능력, 자신의 운명을 결정 할 수 있는 선택의 자유, 책임성, 고독, 관계 맺기, 생의 유한성과 죽음 등에서 자기 결정과 성장하려는 경향이 있음을 강조한다. 상담의 목표는 자신이 자유롭다는 것을 인식하고 자신의 가능성을 인식할 수 있도록 돕는 것이다.

상담기법 기법을 중시하지 않으며, 선택의 문제, 자유와 책임, 죄책감과 불안의 문제, 생명감과 가치관의 문제 등의 이해를 우선 다룬다. 심리상담자와 내담자 모두 존재를 정확히 파악하고 인간적이고 진실한 만남에 의해 변화된다고 보기 때문에 특별한 진단, 검사, 측정보다는 매우 직면적이다.

의사교류분석적 상담T.A. E. Berne

기본개념 인간은 선택적 능력을 가지고 있으며, 성격은 부모parent, 어른adult, 어린이child의 세 자아로 구성된다. 상담목표는 주어진 의사교류에서 내담자가 기능하고 있는 자아 상태를 자각하는 것과 과거의 인생극본, 친근성을 회피하는 게임 등을 자각하도록 하는 것이다. 또한 내담자가 초기결정을 파악하여, 자신이 원하는 것을 재결단할 수 있는 자발성을 가진 사람이 되도록 돕는 것이다.

상담기법 생애극본의 분석점검표, 질문지, 형태치료의 기법과 혼용, 내담자는 진단에 적극 참여하여 자신의 해석과 가치판단 벙법을 배운다. 직면, 계약과 질문은 TA접근법의 기본요소이다.

게스탈트형태주의 상담 F. Perls

기본개념 인간은 비결정론적이며, 사고, 정서, 행동의 전체성과 통일을 추구한다. 성장은 환경적 지원에서 자기지원으로 옮겨가는 것을 말한다. 상담의 목표는 내담자가 양극적인 감정을 받아들이기 위해 지금-여기에서 '무엇을', '어떻게' 느끼는가를 자각하도록 돕는 것과 내담자 스스로 내부지원을 위한 책임성을 수락하도록 도전하게 하는 것이다.

상담기법 경험을 확인하고 갈등의 감정 통합하기, 불일치가 있을 때 직면 사용, 양극적인 대화, 역할연기, 감정에 머무르기, 궁지에 몰리기, 미해결과제 재경험하고 없애기, 해석은 내담자에 의해서 행해지며, '어떻게', '무엇이'라는 질문이 쓰인다.

표 2-9 | 상담이론의 체계

	정서	인지	행동
문제영역	Awareness[feeling]	Understanding[thingking]	Acting[doing]
조력유형	현상학적 방법(인식의 전환) 합리적 방법 ← 교류분석적 의사소통 방법 → 정신분석적 방법		행동적 방법
대표적 상담방법	• 게스탈트 경험 • 적극적 경험 • 상상법 • 감수성 훈련	• 의사결정 • 교류분석 • 합리적 설득 • 신념의 검토	• 자기주장 훈련 • 강화법 행동계약 • 모델링[시범] • 체계적 둔감법
	자유연상 꿈의 해석 경험분석	인지 재구성 현실 이해	
상담이론	• 내담자 중심상담 • 게스탈트 상담	• 정신분석 상담	• 행동주의 상담
		현실요법 논리요법	
	← 교류분석 상담 →		

※(Babara F. Okun, Effective helping : Interviewing and counseling techniques North Scituate, Massach: Duxbury Press, 1976)

III

돌봄의 이해

1. 간호의 역사적 고찰
2. 간호학의 특성
3. 간호의 메타 페러다임
4. 학문의 분야
5. 과학으로의 학문
6. 전문직으로서의 돌봄제공자
7. 윤리와 철학

원예치료는 인문사회 및 자연과학에 대한 이해를 바탕으로 원예, 의학, 상담, 교육, 복지 등 다학제간 접근이 이루어져야 하는 융합 학문이다. 원예치료를 적절히 수행하기 위해서는 인간을 이해하고 인간의 성장발달을 돕는 다양한 실천 학문들에 대한 기본적인 이해가 요구된다. 따라서 이 장에서는 간호학을 통한 돌봄의 이해를 통하여 원예치료사[복지원예사]로서 갖추어야 할 역량과 원예치료에서 해결해 나가야 할 과제들을 일종의 벤치마킹[benchmarking]하는 기회로 삼고자 한다.

1 간호의 역사적 고찰

간호의 역사는 인류사와 시간을 같이 한다. 인류가 생활을 하고 있는 한 질병과 상해로부터 돌봄을 구하고 안녕을 추구하는 요구가 있어 왔기 때문이다. 생명을 보존하는 데에 양육nurturing은 핵심적인 활동이 되어 왔으며 인류의 생존은 간호의 발전과 상호관계를 갖고 있다.

1 고대문명과 간호

고대 간호는 이집트와 인도의 간호를 대표로 들 수 있다. 이집트는 42권으로 된 의학기록인 파피루스에 역사상 첫 간호사로서의 조산사가 기록되어 있다. 인도에서는 힌두교 경전인 아유르베다에 위생과 치료에 관한 지식 및 최초의 전문 간호집단으로서의 수행원attendent이 기록되어 있다.

2 중세기의 간호

중세는 종교적 영향력이 크게 좌우했던 시기로 초기 기독교의 박애정신, 실천, 봉사정신의 일환으로 배고픈 사람에게 음식을 주고 헐벗은 사람에게 의복을 제공하며 병자를 방문하는 것 등의 행위를 간호로 강조하였다.

3 근대간호

근대는 전쟁의 영향으로 부상자 치료를 통하여 의료기술이 발달하였고 간호를 개선하도록 하는 자극제가 되었다. 이러한 사회적 환경은 간호요원을 훈련시키고 준비하는 데 동기가 되었다. 이때 미약하나마 간호분야에서 공식적인 교육형태가 출현하였다. 또한 영국의 간호사인 플로렌스 나이팅게일Florence Nightingale은 크림전쟁 중 이스탄불 야전병원장으로 활약하면서, 간호사 직제의 확립과 의료 보급의 집중관리, 오수처리 등으로 의료 효율을 높였다.

4 한국의 간호

초기 한국의 간호는 조선시대 의녀제도를 들 수 있다. 1622년 서양의학이 소개되어 1907년 대한의원 교육부에서 의사 양성, 약제사 양성, 산파 및 간호부 양성, 교과서 편찬을 담당하였다.

한국의 간호교육은 초창기1903~1910 보구 여관, 세브란스 병원 간호부로 시작하여 1910~1945년 사이 을사늑약 이후 수난기를 거쳤으며, 과도기1945~1962에는 해방 이후 간호의 교육수준을 통일하고 재교육을 통하여 자질향상에 노력하였다. 1955년 이화여대를 선두로 대학과정이 개설되었으며, 1962년 이후를 간호교육의 발전기로 분류하고 있다.

2 간호학의 특성

1 돌봄 행위로서의 간호

간호nursing는 '건강하거나 건강하지 않은 것을 막론하고 건강생활의 유지증진, 건강의 회복을 돕는 것'이다. 특히 'nursing'의 어원은 '영양분을 주다', '키우다', '자라게 하다', '성장발달을 증진시키다', '배양하다', '돌보다', '치료를 시도하다', '조심스럽게 다루다', '양육하다' 등을 의미한다.

원예치료에서 간호의 'nursing'이라는 용어를 살펴보아야 하는 이유는 '원예'라는 용어의 '예culture'에 있다. 원예의 예에 해당하는 'culture'는 보편적으로는 문화, 사고방식 등으로 여겨지나 전문분야에서는 '재배', '양식', '사육하다', '배양하다' 등으로 해석된다. 따라서 'nursing'과 'culture'는 기르고, 키우고, 자라게 하고 발달을 증진하며 돌보는 양상에서 유사성을 가진다. 이에 '돌봄'이란 무엇인가에 대해 좀 더 살펴보고자 한다.

전통적으로 자녀와 가족을 돌보는 어머니와 여성의 기본적 역할을 돌봄 행위로 인식할 수 있다. 이와 같은 돌봄에서의 관계는 상호성과 관계성이 내포되어 있으며, 사랑과 정서적 관계라고 할 수 있다. 모든 인간은 누군가에게 의존하면서 생존한다. 특히 환자, 노인, 어린이와 같이 절대적 의존 상황의 사람에게는 돌봄이 필수적이다. 또한 돌봄이 필요한 대상들의 취약성으로 인하여 돌봄을 제공하는 사람과 돌봄을 받는 사람 간에는 윤리적인 의무가 존재한다. 여기에서의 윤리적인 의무는 단락 7(윤리와 철학)에서 좀 더 자세히 다루도록 한다.

중세시대 종교적 바탕 속에서 인류애적인 헌신으로 돌봄 행위를 수행했던 예전의 간호사와는 달리 현대의 간호사는 의료서비스 체계 속에서 임금을 받는 고용의 형태로 돌봄 행위를 수행하고 있다. 20세기 후반까지 돌봄은 사회적 관심이나 정책적 이슈로 드러나지 않았으나, 출산율의 하락, 여성 취업의 증가, 고령화 사회의 도래로 인해 돌봄이 필요한 집단이 생겨나면서 국민 복지의 차원에서 돌봄 행위를 직업으로서의 돌봄노동caring labor으로 보는 시각이 생기고, 쟁점으로 부각되고 있다. 그럼에도 불구하고 직업으로서의 간호의 돌봄 행위는 전통적으로 사랑과 애정으로 가족을 보살피는 돌봄과 동일한 속성을 가져야 함을 기본전제로 한다. 여기에 덧붙여 시대적, 사회문화적 상황에 따라 간호사의 돌봄 행위는 변화하고 있으며, 그 의미도 전문직으로 재해석되고 있다.

2 조력행위로서의 간호

조력행위는 돌봄 행위와 속성이 유사하다. 간호는 해결해야 할 간호문제가 있는 사람을 돕는 것으로서, 돕는다는 의미를 이해해야 한다. 도움이 된다는 것은 대상자에게 적절하고 긍정적이며 유용한 어떤 일을 하는 것이다. 도움은 대상자가 보다 편안하게 생산적이며, 즐거운 삶을 영위할 수 있도록 조력하는 것이다.

인간과 인간 사이에 도움을 주고 받는 것은 인간의 가장 기본적인 특성이다. 출생 직후의 신생아가 생존하기 위해서는 많은 도움을 받아야 하며, 인간은 일평생 계속적으로 도움을 주고 받으며 살아야 한다. 신체적, 심리적 의존감이 있다는 것은 삶이 타인으로부터 도움을 받고자 하는 욕구가 있음을 증명하는 것이다.

조력관계라는 개념은 상담이나 교육분야에서 집중적으로 연구해 온 개념으로서 대인관계와 동일하게 사용되고 있으며, 조력관계 기술개발은 도움을 구하는 사람을 위해서 문제해결이 용이하도록 경청하고, 의사소통과 같은 전문적인 기술을 개발한다는 의미로 사용되고 있다. 이에 원예치료에서도 조력을 위한 기술로서의 의사소통을 중요하게 인식하고 있으며, 원예치료에서 요구되는 적절한 치료적 의사소통과 관련한 내용은 제2장 '치료적 관계의 이해를 돕는 심리상담'에서 더욱 자세히 살펴보기로 한다.

3 돌봄과 조력행위로서의 원예치료

원예치료는 단순히 식물을 잘 돌보거나 대상자가 식물을 잘 돌보도록 돕는 것이 아니라 최종적 돌봄의 대상을 인간으로 규정하고 있다. 그들에게는 도움이 필요하며 원예치료에서는 돌봄이 필요한 대상에게 적절한 돌봄의 내용을 제공하고 그들이 보다 신체적, 심리적, 사회적, 인지적으로 기능할 수 있도록 도움을 제공해야 한다.

원예치료를 수행하는 인력으로서의 '원예치료사'는 원예라는 영역에서는 식물을 가꾸고 돌보며, 치료라는 영역에서는 사람을 돌보고 가꾸는 역할을 수행해야 한다. 이는 돌봄이라는 공통성을 가진다. 그러나 여기서의 돌봄은 'culture'의 재배하고 사육하기 보다는 'nurture', 'nurse'의 '양육하다'라는 의미를 더욱 내포한다고 볼 수 있다. 성경에서는 양육을 몸과 마음이 온전하게 자랄 수 있도록 돌보아주는 것이라 설명한다.

따라서 돌봄으로서의 원예치료는 '식물을 가꾸고 돌보는 과정을 통하여 곧 사람의 몸과 마음이 온전하게 자랄 수 있도록 돌보는 것'이라고 설명할 수 있다.

또한 조력행위로서의 원예치료는 대상자들이 이룩해야 하는 적절하고 긍정적인 결과를 획득하기 위해 원예식물과 원예활동을 통하여 도움을 제공하는 것이라고 할 수 있다.

여기에서 적절한 돌봄과 도움이란 무엇일까?

돌봄과 도움은 대상자 중심적으로 결정되어야 한다. 돌봄과 조력 제공자로서의 원예치료사는 대상자에게 필요한 돌봄과 도움을 알아차려야 한다. 그리고 그것은 지식으로 습득되고 기술로 숙련되어야 한다. 그러나 숙련되지 않은 전문가들은 대상자의 문제와 요구를 파악하지 못하고 제공자의 입장에서 제공 가능하거나 손쉽거나, 일반화된 기술을 적용하기도 한다. 특히 원예치료 현장에서는 돌봄과 조력과 관련한 오류를 종종 발견하곤 한다.

숙련되지 않은 원예치료사들은 종종 식물을 잘 키우거나 능숙하게 원예활동을 하는 것을 원예치료라고 오인하는 경우가 있다. 또한 대상자들이 식물을 잘 기를 수 있도록 도와주는 것이 원예치료라고 오인하는 경우도 있다. 이는 원예치료사가 아니라 숙련된 원예가이면 가능하다. 그렇다면 원예치료를 수행하는 원예치료사와 식물을 잘 기르는 원예가 사이에는 어떤 차이가 있을까?

그 차이는 '대상' 및 '돌봄'과 '도움'에 대한 이해라고 생각된다. 원예가의 돌봄 대상은 식물인 반면 원예치료사의 돌봄 대상은 사람이다. 또한 원예가는 작물의 생산성을 높이기 위하여 식물을 돌보고 도움을 제공하는 반면, 원예치료사는 대상이 전인적으로 건강한 인간이 되도록 돕기 위하여, 원예식물의 생물학적 요인을 인간의 심리학적 요인과 잘 통합하고 원예활동을 대상에 적절하게 수정, 변형, 개발할 수 있어야 한다.

원예의 1차적 의미에서는 원예의 목적을 식용, 약용, 미적 만족을 위하여 식물을 집약적으로 재배하는 농업으로 규정하고 있다. 원예의 1차적 의미는 식물을 기르는 행위 자체에 초점을 맞추기보다는 생산력과 수익률을 높이기 위한 산업에 보다 초점을 맞추고 있다. 따라서 상품의 질과 생산력을 향상시켜 부가가치를 높일 수 있는 재배방법을 원예의 기술로 제안한다. 따라서 원래의 식물 성질 그 자체를 이해하기보다는 환경과 목적에 적응하도록 식물의 형태, 재배 방법을 조작하는 경우가 많다. 그러나 원예치료에서 치료의 매개로 활용하는 원예식물은 그 자체가 가지는 원래의 생물학적 요인과 성질도 있고, 환경과 목적을 획득하기 위하여 적응된 모습도 가질 수 있다. 따라서 우리는 원예식물이 가진 본디의 성질을 유지하고 성장할 수 있도록 돕는 원예활동도 제공할 수 있어야 하며, 환경과 목적에 적응하기 위하여 조작되고 유도된 원예활동도 제공할 수 있어야 한다. 그러나 이 모든 행위의 결정은 대상자에 의해서 이루어진다. 대상자가 그 과정과 내용을 결정한다는 의미가 아니라, 대상자의 치료문제, 대상자의 치료목적에 따라 원예치료사는 적절한 원예식물 및 변형된 원예활동을 선택하고 수행할 수 있어야 한다는 의미이다.

4 대인돌봄모형 interpersonal caring model

2012년 수지 김[Susie Kim]은 지역사회에 거주하는 정신건강문제가 있는 대상자들의 삶의 경험에 대한 질적 연구를 통해 대인돌봄행위를 확인하였다. 수지 김의 연구에서 대인돌봄은 보는 인간에게 적용되며, 간호사와 같이 전문적으로 도와주는 사람들이 특히 적용할 수 있다고 하였다. 또한 대인돌봄행위와 대인돌봄태도는 자존감에 영향을 주고 이는 자기돌봄과 대인관계, 사회적 기능을 높임으로써 삶의 질에 영향을 미친다고 하였다. 대인돌봄행위는 치료적 행위에 기반을 둔 기술로서 수지 김은 정신건강문제를 가진 사람뿐만 아니라, 호스피스 환자, 만성질환자, 비행청소년, 정상 일반인들의 가정, 직장 등 일반적으로 다양한 연령의 모든 사람에게 적용이 가능하다고 하였다.

이에 본 단락에서는 원예치료에서도 도입 가능한 돌봄전략의 하나인 '대인돌봄모형'을 소개하고자 한다.

1) 대인돌봄의 정의

대인돌봄이란 연민에 기반을 둔 치료적 돌봄 행동 및 활동으로서, 돌봄제공자와 돌봄수혜자 사이에서 발전된 협력적 파트너십 과정에 의해 제공된다. 이를 통해 환자는 자아가치감을 회복하고 자아존중감을 증진하게 됨으로써 최적의 안녕과 회복을 위해 처방된 다양한 치료에 순응하도록 동기를 부여한다.

① 대인돌봄행위의 특징

첫째, 인간 대 인간의 상호작용이다. 효과적인 대인돌봄행위는 파트너십을 통해서 이루어질 수 있다.

둘째, 진정한 사랑과 관심에서 대인돌봄행위가 시작된다.

셋째, 대인돌봄행위는 장소, 시간, 물리적 접촉에 의해 제한받지 않고, 초월한다.

넷째, 대인돌봄행위는 영적인 접근을 포함한다. 이것은 사람의 애착과 도덕성, 건전성 등 총체적인 것을 포함한다.

다섯째, 대인돌봄행위는 포괄적이고 동적인 의사소통을 통해 나타난다. 이것은 대상자가 어떤 상태에 있는지는 상관없이 가능하다. 대상자가 현실성이 전혀 없고, 혼돈 상태라도 대인돌봄행위를 통해서 보살핌을 받는다고 느낀다.

여섯째, 대인돌봄행위는 대상자 자신이 자신감을 가질 수 있도록 도와준다.

일곱째, 대인돌봄행위의 효과는 문화적으로 극대화 시킬 수 있다. 이것은 다른 문화 안에서 활용 가능하며, 유연함을 포함하고 있다.

② 대인돌봄행위의 종류

㉮ 알아보기 noticing

관심을 가지고 상대방의 존재를 인식하는 행위이다. 상대방의 사소한 변화, 표정, 외모, 기분, 욕망을 파악하기 위하여 시각, 청각, 후각, 미각, 촉각의 오감각을 통하여 판단하는 것이다. 이러한 행동은 타인의 강점, 특징, 지위, 상황을 알아차리고 인식하게 된다. 이것은 마치 엄마가 아이에게 보여주는 부드럽고 통찰력 있는 관심과 같다.

알아보기를 통해 대상자를 인식한다는 것은 신체적, 정신적, 사회적, 정서적, 심미적 영역을 동시에 인식한다는 의미이다. 예를 들어, 옷차림, 표정, 목소리 억양, 기분변화, 걸음걸이, 특별한 버릇, 성격, 취미, 대인관계 등 관찰 가능한 모든 행위와 대상자의 장점, 흥미, 자신 없어하는 부분, 가장 고통스러운 점, 좋아하는 사람, 미워하는 사람 등을 파악하고 배려하는 것이다.

돌봄제공자가 제공할 수 있는 알아보기의 구체적 행위는 다음과 같다.

- 상대방에게 관심을 가지고 기분상태를 살펴봐 주다.
- 모르는 체 하지 않다.
- 상대방에게 관계를 시도하다/접근하다.
- 상대방을 관심 있게 응시하다.
- 상대방의 상태, 외모, 변화를 알아차리고 반응해 주다.
- 비웃지 않다.
- 밝은 미소로 대하다.

이러한 알아보기로 인하여 나타날 수 있는 대상자의 반응은 다음과 같다.

- 기분이 좋다.
- 감사하다.
- 자존감이 올라간다.
- 내 자신이 중요하게 느껴진다.

㉯ 나누기 sharing

느낌, 접촉, 생각, 경험, 지식 등 소중한 것을 나누는 행위를 의미하며 있는 것, 가진 것, 느낀 것, 경험한 것, 배운 것 등을 함께 나누어 가지는 기술이다. 즉, 삶에서 지식, 관심, 시간, 재능을 함께 나누어 갖는 것을 의미하며, 일방적으로 한 쪽에서 다른 쪽으로 주는 것과는 다르다. 예를 들어, 문제에 대해 함께 이야기하면서 나누는 것, 문제에 대해 대상자와 공감하는 것, 공통된 주제에 대한 견해를 이야기하는 것이다.

돌봄제공자가 제공할 수 있는 나누기의 구체적 행위는 다음과 같다.

- 슬픔과 기쁨을 함께 나눈다.
- 느낌, 생각, 경험 등을 표현한다.
- 지식, 정보를 제공한다.
- 상대방을 믿어준다.
- 사랑을 나눈다.
- 마음을 나눈다.

이러한 나누기로 인하여 나타날 수 있는 대상자의 반응은 다음과 같다.

- 마음이 편안해진다.
- 새로운 마음이 생긴다.
- 고맙고 가깝게 느낀다.

㉰ 동참하기 participating

환자의 건강을 증진시키고 유지시키는 데 필요한 활동을 함께 하는 것을 의미한다. 이것은 상대방과의 신체적, 심리적, 정신적인 차원을 통합적으로 관찰할 줄 아는 기술이다. 상대방과 동반자 관계로 함께 목표를 성취하기 위해 협력하는 것을 의미하며, 상대방의 삶에 직접 의도적 개입을 함으로써 도움을 주는 동행자의 입장이다. 예를 들어, 대상자의 삶의 문제에 관심 보이기, 모든 치료활동에 함께 참여하기가 있다.

돌봄제공자가 제공할 수 있는 동참하기의 구체적 행위는 다음과 같다.

- 일방적으로 이끌고 가지 않다.
- 상대방을 생각해 주고 함께 가다.
- 상대방을 혼자 내버려 두지 않다.
- 같은 경험을 하다(공부, 쇼핑, 게임 등).
- 어울리다.

이러한 동참하기로 인하여 나타날 수 있는 대상자의 반응은 다음과 같다.

- 함께 해 주니 용기가 생긴다.
- 소외감을 느끼지 않는다.

• 활동을 함께 해서 공동체의 일원처럼 느끼게 된다.

㉣ 적극적 경청하기 active listening

온 마음과 몸으로 정성을 다해 진심으로 상대방의 말에 집중하여 귀를 기울이는 행위를 뜻한다. 들어야 할 내용을 들을 수 있도록 타인에게 의식적이고 의도적으로 관심과 주의를 기울이는 표현이다. 집중과 노력을 요구하는 능동적 과정이다. 예를 들어, 기분, 표정, 느낌 등을 파악하면서 듣기 또는 들을 때 눈을 보면서 집중하는 것, 치료적 대화를 하는 것, 언어적, 비언어적 반응을 잘 관찰하면서 듣는 것이다.

돌봄제공자가 제공할 수 있는 적극적 경청하기의 구체적 행위는 다음과 같다.

• 상대방이 말하는 중간에 끼어들지 않는다.
• 의미를 파악하며 듣다.
• 시선을 맞추며 상대방에게 집중하다.
• 낱낱이 듣다.

이러한 적극적 경청하기로 인하여 나타날 수 있는 대상자의 반응은 다음과 같다.

• 나를 아무렇게나 대하지 않고, 중요하고 귀한 사람으로 대해준다.

㉤ 동행하기 companioning

상대방이 혼자 외롭게 가는 길을 함께 가주는 것으로 특별한 기술이나 능력이 필요치 않고 함께 행동한다는 것을 의미한다. 이것은 말로, 행동으로, 마음으로, 몸으로 모두 함께함으로써 상대방이 정서적 지지를 받게 되며, 이 과정에서 긍정적인 요소로 고립되거나 잊혀진 존재가 아니라 가치 있는 사람으로 대우 받고 있다는 인식을 할 수 있다. 예를 들어, 동행함으로써 모든 관심이 그에게 있음을 알리는 것이다.

돌봄제공자가 제공할 수 있는 동행하기의 구체적 행위는 다음과 같다.

- 의지하게 해 주다.
- 시간을 함께 보내다.
- 필요할 때 항상 옆에 있어 주다.
- 안전하게 지켜주다.
- 함께 살아가다.
- 친구가 되어 주다.
- 어디든지 함께 가다.

이러한 동행하기로 인하여 나타날 수 있는 대상자의 반응은 다음과 같다.

- 외롭지 않다.
- 불안하지 않다.
- 나를 지켜봐 주어 내가 흔들리지 않는다.
- 삶의 여정을 나와 함께 해 줄 것이라는 믿음이 생긴다.

㉳ 칭찬하기 complimenting

상대방의 좋은 점과 잘한 점에 대해 인정하고 감사하다는 언어적 표현을 해 주는 행위로 상대방의 장점을 인정해 주고, 믿어 주며, 세워 주고, 강화해 주는 의사소통기술이다. 이것은 상대방으로 하여금 자신감을 갖게 하고 그의 성장을 더욱 고취시켜 준다. 예를 들어, 장점을 발견하고 이야기해 주는 것, 자신있게 할 수 있음을 말해 주는 것, 자신 없는 부분을 북돋아 주는 것, 좋았던 기억을 회고해주는 것, 긍정적인 면을 발견해서 이야기하는 것 등이다.

돌봄제공자가 제공할 수 있는 칭찬하기의 구체적 행위는 다음과 같다.

- 상대방의 장점을 끌어내어 인정해주다.
- 잘한 것을 인정해 주거나 확인시켜 줌으로써 상대방을 치켜세워 주다.

이러한 칭찬하기로 인하여 나타날 수 있는 대상자의 반응은 다음과 같다.

- 나를 칭찬해 주는 상대방을 나도 칭찬해 주고 싶다.
- 나에 관해 자랑하고 싶다.
- 세상이 다 아름다워 보인다.
- 낮은 자존감이 회복된다.
- 인정받는다고 느낀다.

㉶ 위로하기 comforting

위로하기는 상대방의 편이 되어 공감을 통해 슬픔이나 아픔을 이해해 주고 편안하게 위로해 주는 행위를 뜻한다. 상대방이 좌절하고 힘들어 할 때 상대방의 입장에서 그 느낌을 인정하고 수용함으로써 함께 힘을 모아 주는 것이다. 예를 들어, 대상자의 문제나 어려운 마음을 토로할 때 상대방을 비판하지 않고, 상대방의 편이 되어 주고 상대방에게 용기를 북돋아 주는 등의 상대방에게 힘이 될 수 있는 필요한 것을 제공하는 것, 변명하지 않고 대상자의 편에서 무조건적으로 함께 있어주는 것이다.

돌봄제공자가 제공할 수 있는 위로하기의 구체적 행위는 다음과 같다.

- 친절하고 진실하게 대하다.
- 상대방에게 힘이 되어 주다.
- 맞장구쳐 주다.
- 상대방의 편이 되어 주다.
- 밝은 얼굴로 대하다.
- 변호해 주다.
- 안쓰러워하다.
- 넓은 마음으로 대해 주다.
- 비난하지 않다.
- 걱정하고 있다고 보여 주다.
- '너에게 정말 힘든 일이었겠구나' 라고 말해 주며 위로해 주다.

이러한 위로하기로 인하여 나타날 수 있는 대상자의 반응은 다음과 같다.

- 나를 믿어 주니 큰 위로가 된다.
- 편안함을 찾게 된다.
- 막혔던 마음이 풀린다.
- 염려가 없어진다.

㉺ 희망불어넣기 hoping

모든 것을 궁극적으로 절대자에게 맞추도록 도와주는 행위를 의미한다. 상대방에게 가능성을 시사해 주는 것으로 미래 지향적이다. 가장 최악의 어려움도 희망이 있다면 극복할 수 있는 가능성이 있다. 희망불어넣기는 절망 혹은 실망하는 가운데 사랑을 제공해 주고, 자연나뭇잎, 신선한 공기, 하늘 등에 노출시키는 것이 포함된다. 예를 들어 오늘이 좋은 시간이 될 것이라고 이야기 해 주는 것, 미래의 삶을 위해 현재 할 수 있는 무엇을 함께 모색하는 것, 상대방도 할 수 있다는 사실을 강조하는 것, 현재 상황이 개선될 것임을 암시하는 표현을 하는 것, 현재 당하는 고통이나 질병의 의미를 추구하는 것 등이다.

돌봄제공자가 제공할 수 있는 희망불어넣기의 구체적 행위는 다음과 같다.

- 희망, 생기, 용기를 불어넣어 주다.
- 앞날의 가능성을 보여 주다.
- '항상 너의 옆에 있을 거야'라며 힘을 북돋아 주다.
- 복을 빌어 주다.
- 성공적인 실제 사례를 알려주다.
- '가장 최악의 상황에서도 해결책은 있어'라며 길잡이가 되어 주다.
- 대상자를 향해 가장 밝은 미소를 보여주며 좋은 생각으로 가득 채워 주다.
- 지속적으로 지지해 주다.

이러한 희망불어넣기로 인하여 나타날 수 있는 대상자의 반응은 다음과 같다.

- 문제로 인해 막혀 있던 감각들이 터지고, 숨통이 트이는 것 같다.
- 새로운 가능성이 보이고 살 것 같은 느낌이 든다.
- 문제 해결을 위해 무엇인가 할 수 있겠다는 자신감이 생긴다.
- 포기하지 않고 최선을 다한다.

㉶ 용서하기 forgiving

과거에 자신에게 잘못을 저지른 타인과 관계를 끊은 채 마음이 상한 상태에서 벗어나 타인의 잘못을 이해하고 받아들이며 잊어버림으로써 좋은 관계를 다시 회복하고 화해하는 것을 의미한다. 용서하기는 타인에게만 해당하는 것이 아니라 자신에게도 실시해야 되는 중요한 돌봄행위이다. 이것은 용서를 하지만 또다시 그러한 일이 일어나지 않도록 상호 조심하자고 다짐하는 의미이기도 하다. 이러한 용서하기는 "정말 미안해, 제발 나를 용서해줘."라고 말하는 행동이 포함된다. 후회를 표현하고 용서를 바람으로써 변명을 할 필요가 없어진다. 용서하기는 겸손한 마음이며, 이것은 사랑으로부터 시작된다. 용서하기는 쉽지 않고 시간도 걸릴 수 있으나 마음의 문제이기도 하다. 예를 들어 잘못했음을 인정하고 미안하다고 표현하기, 용서해줄 것을 청하기, 진지한 마음으로 상대방의 관용을 요청하는 표현하기, 소리 지르지 않기, 미래에 반복될지 모를 잘못된 상황을 위해 서로가 조심하기로 약속하기 등이다.

돌봄제공자가 제공할 수 있는 용서하기의 구체적 행위는 다음과 같다.

- 부드러운 표정과 태도로 말하다.
- 진지하게 용서함을 표현하다.
- 상대방에게 화를 내지 않다.
- 잘못을 인정하고 진지하게 용서를 구하다.
- 상대방을 믿어주다.
- 차분히 설명해주다.
- 나의 느낌이 어떠했음을 말해주다.

이러한 용서하기로 인하여 나타날 수 있는 대상자의 반응은 다음과 같다.

- 무조건 용서해 주는 상대방이 고맙다.
- 나 자신이 부끄럽다.
- 긴장감(죄책감)이 없어지고 마음이 편안하다.
- 내가 틀리다는 걸 알고 있다고 표현하게 되다.

㉰ 수용하기 accepting

비판 없이 상대방을 있는 그대로 인정하고 받아들이며, 상대방의 입장에서 들어주고, 이해하고, 받아 줌을 의미하고, 맞장구쳐 주는 것이다. 수용과 관용이 이루어지지 않는 돌봄의 행위는 삶의 의욕이 없는 대상자들에게는 회의적일 수 있다. 작은 수용의 돌봄은 삶에 큰 변화를 만들 수 있다. 예를 들어 '너를 믿는다'는 말과 태도를 보여 주는 것, 미소로 반겨주고 허용하는 것, '나는 네가 왜 그렇게 생각하는지 알 것 같다.' 와 같은 것이다.

돌봄제공자가 제공할 수 있는 수용하기의 구체적 행위는 다음과 같다.

- 상대방의 입장에서 들어주고 받아주기
- 상대방을 비판하거나 야단치지 않기
- 상대방의 뜻에 맞장구치기
- 상대방의 말을 있는 그대로 인정해주기
- 손을 잡거나 신체적 접촉을 하거나 필요하면 껴안아주기

이러한 수용하기로 인하여 나타날 수 있는 대상자의 반응은 다음과 같다.

- 나를 받아주는 상대방이 고맙다.
- 긴장감이나 죄책감이 없어지고 마음이 편하다.

3 간호의 메타 페러다임

간호는 그 개념과 실무 영역에 있어 매우 광범위하므로, 현대 간호학이 태동하면서 간호라는 학문영역에 대한 형이상학적 사고의 틀을 규명하고자 하였다. 이에 포셋 Fawcett(1978)의 인간, 환경, 건강, 간호가 현대 간호학의 지식체를 이루는 메타 패러다임으로 가장 흔하게 인용되고 있다. 본 단락에서는 인간을 이해하고 인간의 성장발달을 돕는 다양한 학문에서 요구되는 인간, 환경, 건강에 대한 견해를 살펴보고자 한다.

1 인간에 대한 견해

1) 인간에 대한 일반적 견해

원예치료의 최종 대상은 인간으로, 인간을 대상으로 하는 학문과 그 대상을 직접 만나는 전문가에게는 인간에 대한 바람직한 견해가 요구된다.

인간존재에 대한 4가지 주요 관점은 생물학적 유기체로서의 인간, 육체적 속성에 의존하는 정신적 존재로서의 인간, 마음과 육체의 이원론적 인간, 마음과 육체의 통일적 존재로서의 인간으로 정리할 수 있다.

생물학적 유기체로서의 인간관은 '인간은 본질적으로 생물학적 유기체이다'라는 관점으로, 이 관점에 따르면 인간은 비물질적인 마음이나 정신, 혹은 영혼을 가지고 있지 않다. 사람들에게 있어서 사고나 감정과 같은 정신적 현상은 단지 뇌에서의 화학적 반작용 같은 물리적 현상이라고 보는 견해이다.

육체적 속성에 의존하는 정신적 존재로서의 인간관은 '인간은 정신적 속성과 육체적 속성으로 구분되어 있다. 그리고 정신적인 속성들이 육체적인 것에 의존하고 있지만 단순히 육체적인 것으로 환원되지는 않는다'는 견해이다. 그러나 이 견해는 동일한 신체적 속성을 가진 두 사람이 일반적으로 똑같은 정신적 속성을 지닐 수는 없다는 사실을 설명하기에는 한계가 있다.

마음과 육체의 이원론적 인간관은 '인간은 기본적으로 마음과 육체로 조합되어 있다. 하지만 마음과 신체는 비의존적이다. 따라서 마음은 개인의 생존 필요조건이며 동시에 충분조건이다'라는 견해이다. 마음의 고유한 특징은 사고하는 능력, 물질의 고유한 특징은 공간에서 존재하며 공간을 점유한다는 사실이다.

마음과 육체의 통일적 존재로서의 인간관은 '인간은 마음과 육체의 속성이 유기적 관계로 얽혀있는 존재이다'라는 견해이다. 한 인간에게 있어서 정신적이며 육체적인 속성들은 분리되지 않으며 상호적으로 구성되어 있고, 이음새 없이 전체를 구성하는 각각은 서로 서로 다른 것과 결합되어 있다.

위에서 설명한 모든 관점들의 한계점은 존재하지만 그럼에도 불구하고 모든 치료과정은 육체적, 정신적 차원 모두에 중점을 두어야 하며, 이는 전인적 접근이 필요함을 의미하는 것이다.

간호학에서는 인간에 대해 전인적인 견해holistic point of view를 가진다. 이는 인간을 세분화하지 않고 각 부분의 합이 아닌 고유한 하나의 개체로서 각각의 분할 측면을 설명함으로써 인간에 대한 이해가 가능하다고 보는 입장이다. 이러한 전인적 견해에 배치하여 설명할 수 있는 것이 의학분야에서 주로 채택하는 특수구성론적 견해particularistic point of view이다. 이는 인간을 여러 구성성분으로 이루어져 있는 개체로서 파악하는 것이다. 원예치료에서는 인간을 하나의 고유한 개체로 이해하고, 육체와 정신적 차원에 모두 중점을 두는 전인적 견해를 가져야 함이 바람직할 것으로 여겨진다.

2) 돌봄을 받는 주체로서의 인간

국민의 생활수준과 의식수준 향상, 정보의 다양화 등으로 인하여 의료행위의 객체

였던 환자는 의료서비스의 선택과 치료방법을 결정하는 주체로 변화하였고 치료 제공자와도 법률적 관계에 있어 동등한 지위로 변화하였다. 이에 의료소비자라는 표현이 사용되었고, 소비자 스스로 병원을 순위화하고 감독하는 현상이 나타나고 있으며, 보건의료 분야의 소비자 지향성과 동향, 그에 대한 후속 연구의 필요성이 지적되었다. 이는 의료서비스 분야에서 환자가 소비자로서의 개념으로 변화하고 있음을 의미한다.

병들거나 다쳐서 치료를 받아야 하는 사람을 환자^patient^라고 한다. 환자는 전통적 의료환경에서는 약자로 인식된다. 그러나 소비자^consumer^는 알권리와 선택의 권리, 더불어 안전의 권리와 피해보상을 받을 권리를 가진다. 그러나 원예치료에서는 종종 'client'라는 용어를 접하게 된다. 'client'는 '고객'으로 주로 해석되며, 'customer'와 유사하게 여겨진다. 소비자는 단순히 제품을 사서 소비하는 사람들로서 기능, 유익, 가격 등이 중요하다면 고객은 전문가의 서비스를 이용하는 사람들이라는 의미로 좀 더 장기적이고 충성도 있는 관계를 맺는 고객을 의미한다. 따라서 고객에게는 제품의 질, 가격뿐만 아니라 판매 외의 경험도 매우 중요하다고 할 수 있다.

따라서 돌봄이라는 서비스를 받는 주체로서의 인간은 병들어 아픈 환자에서 돈을 쓰는 소비자로, 관계를 맺고 전문가의 서비스를 이용하는 고객으로 그 관점이 변화하고 있다.

3) 인간의 성장 발달

① 성장 발달의 원리

인간은 한 개체로서 고유의 특성을 보유하고 있고, 이러한 고유의 특성을 가진 인간들은 인간이라는 공통성 아래 다음과 같은 원리를 가지고 성장 발달한다.

- 인간의 성장과 발달은 연속적이고 복합적이며 일련의 순서에 따라 진행된다.
- 성장과 발달은 규칙적으로 진행되며 예측이 가능하다.
- 성장과 발달은 머리에서 신체 하부로 발달한다.
- 성장과 발달은 중심부에서 말초로 간단한 동작에서 복잡한 동작으로 이루어진다.

• 성장과 발달은 개별성과 통합성을 동시에 지닌다.
• 성장과 발달은 각기 다른 시기에 서로 다른 속도로 발달되지만 수정될 수 있다.
• 성장과 발달의 속도는 개인차가 있다.

② 성장 발달의 단계 및 관련 이론

인간의 성장 발달 단계는 학문분야, 이론에 따라 조금씩 상이하지만, 연령을 기준으로 태아기, 신생아기, 영아기, 유아기, 학령전기, 학령기, 청소년기, 성인기, 중년기, 노년기로 나눌 수 있다. 인간의 성장 발달을 설명한 대표적 이론은 제1장 '원예치료와 정신건강'에서 소개한 바 있다.

2 환경에 대한 견해

환경은 사람의 생존에 영향을 주는 모든 요인들로서 공기나 햇빛, 물 등과 같은 물리적인 요인이 될 수 있으며 가족이나 사회조직 등과 같은 사회 문화적인 요인도 될 수 있다. 인간과 환경은 상호의존적이다. 돌봄제공자는 대상자의 물리적, 사회 · 정신적 환경까지 이해해야 한다. 특히 사회 · 정신적 환경은 부모역할의 질과 양, 친척과의 관계, 이혼 등과 같은 가족의 영향이 포함되며, 문화적 영향도 포함한다. 돌봄제공자들은 대상자의 문화적 영향을 인식하고 존중하기 위해서 가능하다면 대상자의 문화를 배워야 하며 환자의 문화적 선호에 관심을 가져야 한다. 또한 가족, 이웃, 학교, 교회, 전문가 협회, 시민그룹 등과 같은 사회적 지지를 사회적 영향으로 볼 수 있는데, 대상자들은 개인에 따라 사회적 지지에 대한 요구가 다르며, 지지가 강화되어야 할 때에는 사회적 환경으로부터 지지를 얻기 위해서 관심 그룹, 부모교실, 결혼강화그룹, 종교그룹, 공식/비공식 교육, 자조그룹 등을 환자가 이용하도록 돌봄제공자가 격려할 수 있다. 뿐만 아니라, 한 지역사회의 경제적 안녕, 직업, 주택, 학교 등과 같은 영향도 사회 · 정신적 환경에 포함된다.

3 건강에 대한 견해

원예치료와 같이 돌봄을 제공하는 학문과 전문가는 건강에 대한 견해와 이해가 필요하다.

건강의 개념에 대한 다양한 의견이 있지만 1940년대 이후 건강의 생활개념이 대두되면서 WHO[세계보건기구](1946)는 건강을 단순히 허약하지 않은 상태나 병에 걸리지 않은 상태뿐만 아니라 신체적, 정신적, 사회적으로 완전히 안녕한 상태라고 정의하고 있다. 이러한 정리를 통하여 정신건강과 예방적 차원에서 건강관리의 중요성을 인식하게 되었다.

원예치료에서의 대상자 및 활동 범위도 구분해볼 수 있다. 대상자의 원예치료적 문제와 관련된 의학적 진단은 가지고 있지 않지만 잠재적 문제를 예방하거나, 건강한 발달과 삶의 질 향상을 목적으로 한다면 이는 예방적 영역이다. 대상자의 원예치료적 문제와 관련된 의학적 진단을 가지고 그 문제를 예방하거나 감소, 소멸, 개선시키는 것을 목적으로 한다면 이는 치료 및 재활적 영역으로 설명할 수 있다.

정신건강에 관한 설명은 제1장에서 다루었으므로 본 단락에서는 생략한다.

4 학문의 분야

간호학의 분야로 간호학 전체에서 합의된 분류는 없으며 교육기관마다 교육철학이나 목적에 따라 다양한 분류를 하고 있는 실정이다. 간호학의 분야를 살펴보는 것은 원예치료에서 또한 그 영역을 전문화하여 영역에 따른 심도있는 학문적 내용의 축적 및 전문가 specialist를 배출하기 위함이다.

간호학의 전공영역은 기초영역, 기본영역, 관리 및 연구영역으로 분류할 수 있다.

기초영역은 의사소통, 인간발달, 행동과학 등과 같은 일반 기초영역과 생리학, 해부학, 병리학 등과 같은 의학 기초영역으로 나눌 수 있다. 이러한 기초영역은 원예치료에서 또한 기초적으로 요구되는 지식영역이며, 간호와 의학에 비해 지식의 질과 양에는 차이가 있을 수 있다.

간호의 기본영역은 기본간호학, 간호학개론, 간호철학, 간호역사와 같은 일반 간호영역과 아동간호학, 청소년간호학, 임산부간호학 등과 같은 아동–모성–여성 간호학영역, 성인건강간호학, 성인질병간호학, 성인정신간호학 등과 같은 성인간호영역, 노인건강간호학, 노인질병간호학, 노인정신간호학과 같은 노인간호영역, 가족간호학, 학교보건학, 산업간호학과 같은 지역사회간호학 영역으로 분류하고, 간호행정학, 간호연구법 등과 같은 간호연구영역이 있다.

향후 원예치료의 전공영역의 분류를 위해서도 간호학에서 채택하고 있는 기초영역, 기본영역, 연구영역으로의 분류를 참고할 수 있다.

5 과학으로의 학문

간호학은 자연과학, 행동과학, 인문사회과학의 지식을 응용하여 지식체를 정립해 왔다고 볼 수 있다. 그러나 이제는 간호학 지식이 간호인의 계속적인 연구활동과 간호영역에서 개발되는 새로운 이론에 의하여 확장되고 지속적으로 변화되어야 함을 간호영역에서는 깊이 인식하고 있다. 간호업무는 전통적으로 직관적 판단, 단편적인 사실, 원칙의 적용으로 발전되어 왔다. 하지만 이제는 모든 전문직 영역에서 사용되는 과학적 방법, 즉 잘 정의된 이론 틀 내에서 엄격하고 체계적으로 문제를 연구하는 방법이 간호업무에서도 필수적으로 적용되어야 한다. 이러한 과학적인 방법으로 간호과정을 들 수 있다.

간호의 과학적 요소를 객관적이고 과학적으로 접근하는 방식중의 하나로 간호과정nursing process을 들 수 있다. 간호과정은 간호영역에서 체계적으로 문제를 해결하려는 접근방법이며 또한 간호전문직 요원들 간에 공통된 용어를 사용함으로써 의사소통을 원활하게 하고 결과적으로 환자의 문제해결에 도움을 준다. 그 과정은 간호를 필요로 하는 사람에 대한 자료를 수집하는 것에서 시작되며 수집된 자료에 근거하여 간호문제 여부를 판단하는 간호사정 과정, 자료수집 후 자료를 분석하여 진단을 내리고 문제를 확인하는 간호진단 과정, 환자문제의 우선순위를 결정하고 목적 및 목표를 설정한 후 간호전략과 간호지시를 작성하는 간호계획 과정, 계획된 간호를 수행하는 간호중재 과정, 기대되는 목적 성취 여부를 비판적으로 검토하여 평가기준을 설정하고 결과를 측정하는 평가 과정으로 구성된다. 간호학에서는 환자의 문제를 확인하여 진단을 내리기 위한 기준이나 분류를 위하여 1973년 조직된 북미간호진단협회NANDA : North American Nursing Diagnosis Association가 활동하고 있다.

원예치료가 한국에 소개된 이후 약 30여 년이 흘렀다. 서양의학 및 간호가 도입된 이후로는 100년을 훌쩍 넘기고 있다. 간호 또한 초창기에는 다양한 학문의 지식을 응용, 결합했던 것과 같이 원예치료 또한 현재 다학제간 접근, 학문융합을 시도하고 있다. 그러나 원예치료 임상 경험의 축적 및 연구를 통하여 원예치료만의 이론과 기술을 개발하고 이를 확장, 발전시켜 나갈 수 있도록 노력해야 할 것이다.

6

전문직으로서의 돌봄제공자

전문직은 다른 일반적인 직업과 구분되는 직업범주이다. 일반적으로 높은 수준의 사회경제적 보상으로 매력있는 직업으로 인식되어 왔고, 일반직업과는 다르게 고도의 지식과 기술을 이용하여 업무를 수행하고 업무의 자율성이 보장된다는 점이 장점으로 인식되고 있다.

이에 본 단락에서는 고자경(1987)이 제시한 전문직의 준거 8가지를 살펴본다.

1 전문지식 및 기술

업무를 수행하기 위하여 체계적 이론 및 기술을 습득, 개발, 적용하는 것을 의미한다. 또한 장기적 정규교육을 통해서만 획득되는 체계적 지식과 원리에 입각한 기술이어야 하며, 특수한 지적 훈련에 의해서만 얻어지는 지적 기능이 발생하면 전문직이라고 할 수 있다.

2 고유한 고객 또는 대상자

업무 고유의 수혜자, 대상자가 있어야 하며, 전문직 수행자에 의해 대상자의 중요한 문제가 좌우되는 경우에는 이를 고유한 고객이라고 할 수 있다. 그러나 오늘날의 사회적 변화 속에서는 직접적인 고객이 명확하지 않거나 매우 확장적이며, 기관과 같은 간접적 고객도 증가하고 있다.

3 자격규제 및 독점

고유한 고객 또는 대상자에서도 설명한 바와 같이 고유한 고객은 전문직 수행자에 의해 중요한 문제가 좌우된다. 따라서 전문직은 엄격한 자격규제가 필요하다. 따라서 고유한 고객 및 대상자를 독점할 수 있다. 독점은 전문기술을 가지고 있느냐에 근거하고 자격규제에 의해 인정된다. 자격규제 및 독점의 정도가 곧 전문성 신장의 척도가 되기도 한다.

4 전문단체의 조직과 활동

전문직으로 인정받으려면 학술단체 또는 조직 강화를 위한 전문단체의 구성과 활동이 있어야 한다. 전문직을 지향하는 직업의 목표는 다음과 같은 전문직 공동체를 형성한다.

① 일체감에 의해 회원들이 결속한다.

② 일단 회원으로 등록되면 거의 떠나지 않는다.

③ 통상적인 공유가치를 가진다.

④ 역할개념에 있어서 회원이나 비회원 간에 일치하며 모든 회원들의 역할개념은 동일하다.

⑤ 회원들만의 공통언어가 있다.

⑥ 이 공동체는 회원들에게 통제권을 행사한다.

⑦ 물리적, 지리적 영역이 아닌 사회적 영역의 한계가 분명하다.

⑧ 생리적이 아닌 사회적 세대교체가 이루어진다.

5 직무보상체계

전문직은 수입 및 직업에 대한 명예와 권위가 인정되어야 한다. 직무보상체계는 전문화의 정도를 반영하며, 공공 대중의 인정을 반영하는 중요한 척도가 된다.

6 윤리강령의 설정과 내면화

전문직에서는 윤리강령의 설정과 내면화를 중요한 준거로 간주한다. 이를 직업윤리라 할 수 있으며, 직업윤리는 특정의 직업에 종사하는 사람들이 지켜야 하는 행동규범을 의미한다. 직업윤리는 소명의식과 밀접한 관계가 있다. 소명의식이 이념의 차원이라면 윤리강령의 설정과 내면화는 행동적 차원이라고 할 수 있다.

7 소명의식

직업활동 및 대상자에 대한 소명감을 의미하는 것으로, 전문직의 소명의식은 종교적 영향에 의한 봉사정신에서 비롯되었다. 전문직은 전문직 단체의 구성원보다 타인에게 유용해야 하며, 상업성과는 구별되어야 한다. 따라서 소명의식이란 이타주의를 실현하기 위한 규정준수, 동료애, 직업에 대한 동일시, 봉사정신, 양심적인 업무수행, 직업에 대한 사명감 등을 함축한다.

8 자율성과 책임

전문직은 업무를 수행함에 있어 자율성이 주어지며 이에 수반하는 책임이 있어야 한다. 자율성이란 업무를 수행할 때 기능의 조절이나 고객 혹은 대상에 대한 통제를 할 수 있음을 의미한다. 이러한 자율성의 행사는 책임을 수반한다.
원예치료를 수행하는 전문가로서의 원예치료사는 이상의 전문직을 지향하기 위하여 각각의 요소를 충실히 갖추어 나가야 할 것이다.

7 윤리와 철학

윤리란 '사람으로서 마땅히 행하거나 지켜야 할 도리'이며, 철학은 인간과 세계에 대한 근본 원리와 삶의 본질 따위를 연구하는 학문이다. 흔히 인식, 존재, 가치의 세 기준에 따라 하위 분야를 나눌 수 있으며, 자신의 경험에서 얻은 인생관, 세계관, 신조 따위를 이르는 말이기도 하다.

앞서 전문직으로서의 돌봄제공자에서도 언급하였듯이, 전문직으로서의 원예치료사는 직업윤리가 확고해야 한다. 윤리에는 보다 근원적이고 본질적인 규범을 다루는 일반윤리와 특정분야의 규범과 관련한 특수윤리가 있다. 일반윤리는 옳고 그른 것이 무엇이며, 선과 악, 도덕적 의무와 책임이 무엇인지 다루는 영역이며, 직업윤리는 교육윤리, 법윤리 등과 같이 특수윤리에 속하며 실천윤리로서의 의미가 주어진다.

원예치료사가 실무에서 경험할 수 있는 윤리적인 문제로는 대상자에 대한 비밀보장의무를 위배하거나 치료과정에의 참여 및 불참에 대한 의사를 결정하는 데 있어 대상자의 의사결정권이 제한되거나, 대상자 중심적으로 결정되어야 하는 치료과정과 식물, 활동의 내용에 있어 대상자 소외현상이 발생하기도 하는 것 등이다. 원예치료사들은 이를 유념하여 현장에서 윤리적 문제가 발생하지 않도록 이를 내면화해야 한다.

일반적으로 철학에는 사색, 사고, 사유, 반성의 요소를 내포하는 사변적 기능이 있으며, 인간에게 당연히 요구되는 가치 있는 인간행동이나 특성에 대한 판단기준을 탐색하여 제시하고, 왜 인간행동이나 특성이 그러해야 하는지에 대한 당위성을 밝히는 규범적 기능, 개념의 모호성을 배제하고 의미를 명료화하는 분석적 기능, 위에서 언급한 세 가지 기능이 최대한으로 발휘될 수 있도록 상호연관을 지워주고 조절해주는 기능이 있다.

원예치료사들이 원예치료를 수행함에 있어 내면화해야 할 철학적 문제는 진리 또는 올바른 어떤 것을 지적으로 수용하는 신념, 확신, 신조이다. 이러한 신념은 경험에 의해 획득되고 다양한 태도에 기초를 두고 있다. 또한 사람들이 바람직하게 생각하는 것을 반영하고, 행동의 가치를 주관적으로 부여하는 가치 또한 원예치료사들의 치료과정에 영향을 준다.

IV

재활의 이해

1. 재활 및 재활치료의 개념
2. 재활의학의 특징 및 치료분야
3. 뇌졸중 재활
4. 노인 재활

지금까지 국내 원예치료는 의료적 영역, 교육적 영역, 복지적 영역 등에서 다양한 대상자들에게 실시되어 왔다. 다른 영역에 비해 의료적 영역은 환자의 질환 및 특징, 치료 근거 및 기작mechanism 등에 대한 의학적 기초지식이 타 영역에 비해 더욱 요구됨에도 불구하고, 광범위한 내용과 전문성으로 인해 많이 다루어지지 않은 것이 사실이다. 따라서 이 장에서는 의료적 영역에서 이루어지는 원예치료에 있어 치료의 이론적 근거가 되는 재활의학의 개념 및 특징과 원예치료 시 많이 만날 수 있는 대표적인 재활 대상자에 대해 살펴보고자 한다. 다양한 재활치료의 대상자 중에는 뇌졸중, 외상성 뇌손상, 척수손상, 상지 및 하지 의지, 발달장애, 노인 및 치매 등 원예치료와 대상자 또는 치료분야가 중복되는 경우가 많아 원예치료의 이론적 근거를 이해하는 데 재활의학이 도움이 될 것이라 생각된다.

1 재활 및 재활치료의 개념

1 재활

재활[rehabilitation]의 사전적 의미는 심신의 기능장애나 사회적 부적응 상태를 줄여줌으로써 본래 기능을 회복시키는 것을 말한다. 세계보건기구인 WHO에서는 재활의 정의를 장애를 가진 사람에게 의학적, 사회적, 교육적, 직업적 수단을 동원하고, 이를 상호 조정하여 훈련 또는 재훈련을 통하여 그 사람의 기능적 능력을 가능한 최고 수준에 도달하도록 하는 것으로 규정하고 있다.

즉, 재활이란, 장애를 가진 사람을 대상으로 단순히 상실한 기능의 회복뿐만 아니라 인간답게 살아가는 권리의 회복을 돕는 것 또한 의미하며, 이를 위해서는 의학적 재활뿐만 아니라, 교육적 재활[특수교육, 장애아 교육 등], 직업적 재활, 사회적 재활 등 다양한 분야 및 형태의 재활이 요구된다. 또한 이러한 여러 분야 및 형태의 재활이 서로 유기적으로 연결되지 않으면, 인간답게 살아가는 권리를 회복시킨다는 재활의 궁극적인 목표 달성은 힘들다고 볼 수 있다.

2 재활치료

넓은 의미의 재활치료란, 장애를 가진 사람이 가질 수 있는 최적의 신체적, 감각적, 지능적, 심리적, 사회적 수준을 성취하고 유지하기 위해 수행하는 모든 치료를 말한다. 다시 말해 장애가 없더라도 통증이나 일시적 질환, 외상 등으로 인해 환자의 삶의 질이 떨어질 때, 이를 회복시키기 위한 모든 치료를 재활치료라고 할 수 있다.

재활치료가 가지는 좁은 의미는 치료 중심의 의학과 구분하여 생각할 수 있다. 치료 중심의 의학이 약물이나 수술적 방법을 주로 사용하는 데 반하여, 재활치료는 신체 기능을 회복 또는 유지시키기 위해 환자의 활동에 대해 중재를 시행하고 물리적 자극을 이용하여 치료하는 것을 뜻한다.

한편, 재활치료와 의미를 혼용하기 쉬운 것으로 물리치료와 작업치료가 있다. 재활치료의 방법 중 하나로 사용되는 물리치료physical therapy는 통증 완화, 신체조직의 치유 촉진, 신체 움직임 향상 등 환자의 치료를 위해 열이나 광선, 초음파, 운동 등 여러 가지 물리적 요소를 이용하는 치료방법이다. 작업치료occupational therapy는 의미 있는 치료적 활동[작업]을 통해 기능이 저하된 사람이 최대한 독립적으로 일상생활을 수행하고 능동적으로 사회생활에 참여할 수 있도록 치료하고 교육하는 것이다. 이처럼 재활치료와 물리치료, 작업치료는 의미적으로 유사한 부분이 있으나, 서로 분명한 차이를 갖는다.

3 재활의학

재활의학rehabilitation medicine이란 각종 질병 및 사고로 인하여 장애가 생긴 사람으로 하여금 주어진 조건하에서 최대한의 신체적, 정신적, 사회적 능력과 잠재적 능력을 발달시켜 가능한 한 정상에 가까운 또는 남에게 도움을 받지 않는 생활, 즉 독립적인 생활을 할 수 있게 해주는 분야로 정의할 수 있으며, 뇌졸중, 척수손상 환자뿐만 아니라 각종 통증으로 인하여 보행 및 일상생활 동작에 지장을 받는 모든 환자가 재활치료의 대상이다.

재활의학의 분야는 크게 근골격계 의학, 의료재활, 전기진단학 의학 등 3가지 분야로 나눌 수 있다. 근골격계 의학은 척추나 사지의 근골격계 질환으로 인한 기능 이상과 통증을 치료하는 분야로, 대부분 약물치료, 주사치료, 물리치료, 운동치료, 보조기 등 외과적 처치를 제외한 모든 보존적 요법을 시행한다. 전기진단학 의학은 근전도 검사를 통해 신경근육계의 질환을 진단하는 분야이다.

2 재활의학의 특징 및 치료분야

1 재활의학의 특징

기존의 의학은 질환에 대한 '치료'에서 시작하여 그 다음 단계로 '예방'의 개념을 도입하였다. 그러나 예방과 치료를 거치고 나서도 환자에게는 신체적, 심리적, 사회적 기능장애가 남을 수 있다. 이에 재활의학은 제1기인 예방의학과 제2기인 치료의학에 이은 제3기의 의학으로, 조기에 집중적인 재활과정을 통해 환자를 최적의 자족상태와 기능상태로 회복시켜 충분한 생활을 영위할 수 있게 하는 것을 목적으로 삼고 있다. 재활의학이 다른 의료분야와 구분되는 점은 다른 의료분야가 질병상태나 환자의 임상소견에 주안점을 두고 있는 것에 비해 재활의학은 질병상태뿐만 아니라 비건강상태에 대한 평가에도 역점을 두며, 이러한 상태가 한 개인의 삶에 어떠한 영향을 미치고 있는지를 포괄적으로 평가하고 치료한다는 점이다. 이는 재활의학의 치료적 목표를 알면 쉽게 이해할 수 있다. 재활의학의 개념에서도 살펴 보았듯이, 재활의학에서는 통증 조절이나 포괄적 재활치료를 통해 신체적, 정신적, 사회적, 직업적 기능을 최대한 회복하도록 하는 데 치료적 목적을 둔다. 즉, 다른 임상의학clinical medicine이 질환이나 외상으로 손상이 발생된 경우 손상 이전으로 건강 상태를 완전히 회복시키는 것에 집중하는 반면, 재활의학은 치료되기 어려운 장애로 인한 제한된 환경 내에서 기능적으로 환자를 최적화되도록 하여 삶의 질을 높이는 것에 집중하는 차이를 갖는다.

2 원예치료와 재활의학

재활의학은 생리적으로나 해부학적으로 장애가 있거나, 환경적인 제한요인이 있는 사람에게 육체적, 정신적, 사회적, 직업적, 교육학적으로 최대한의 능력을 발휘할 수 있도록 도와주는 학문이다. 원예치료를 식물을 통한 원예활동에 의해 사회적, 교육적, 심리적 혹은 신체적 적응력을 기르고 이로 말미암아 육체적 재활과 정신적 회복을 추구하는 전반적인 활동이라고 정의할 때, 원예치료와 재활의학은 치료의 수단이나 도구만 다를 뿐 장애가 있는 사람의 잔존기능을 극대화시켜 삶의 질 향상을 도모한다는 점에서 치료를 통해 추구하는 바가 유사하다고 볼 수 있다.

3 재활치료팀의 조직 및 구성

1) 재활치료팀의 조직

재활치료가 환자의 전체적인 기능을 향상시켜 삶의 질 향상을 목표로 하는 전인적인 치료이기 때문에 포괄적 접근이 필요하며, 의사 또는 치료사 한 사람이 아닌 다양한 분야의 전문가들이 팀을 이루어 환자의 상태를 논의하고 상호 보완하는 과정을 통해 치료과정을 진행함으로써 가능할 수 있다.

성공적인 재활치료를 위해서는 효과적인 팀 회의가 중요하다. 팀 회의를 통해, 여러 분야의 전문가들은 각자의 위치에서 환자의 장애 최소화 및 삶의 질 향상을 위해 각각의 역할을 수행하고, 환자 평가회의나 가족회의 등의 형식을 통해 환자에 대한 정보를 교환하며, 향후 치료에 대한 계획을 조정한다.

2) 재활치료팀 주요 구성원 및 역할

일반적으로 재활치료팀의 구성원은 다음과 같으며, 팀의 특성 및 필요에 따라 다양한 구성원들이 포함될 수 있다.

표 4-1 | 재활치료팀의 구성 예

재활치료팀			
• 재활의학 전문의 • 재활전문 간호사 • 물리치료사	• 작업치료사 • 언어재활사 • 재활심리치료사	• 원예치료사 • 음악치료사 • 의지보조기사	• 사회복지사 • 직업상담사 • 기타

주요 구성원의 각각의 역할은 다음과 같다.

표 4-2 | 재활치료팀 구성원의 역할

재활의학 전문의

재활의학 전문의는 재활치료팀의 리더로서, 환자의 재활치료를 지휘하며 총괄적인 책임을 진다.

- 환자의 평가, 재활치료 진행, 결과 등의 수집 및 조정
- 재활의학적 문제 및 합병증 등 해결, 필요시 타과 전문의와 협진
- 최종적인 장애 정도 평가 및 진단서 발급

재활전문 간호사

재활전문 간호사는 장애를 가진 환자의 직접적인 개인관리를 담당하고, 환자의 건강상태를 파악하며, 환자나 가족에게 장애를 이해하고 치료에 참여할 수 있도록 교육한다.

- 전반적 위생문제
- 장 및 방광 프로그램
- 피부보전과 관계된 처치
- 기온, 소음, 공해, 위생, 감염, 안전 등 환경요소
- 비활동성[immobilization]으로 인한 악영향을 최소화하도록 예방
- 적절한 독립적 활동을 독려
- 치료 등과 관련된 환자의 시간표 관리
- 약품관리

물리치료사

물리치료사는 주로 대근육 운동기능 회복에 중점을 두어 환자를 돕는다.

- 관절의 운동범위 유지 및 증진
- 근육의 길이 및 힘에 대한 평가, 신장 및 강화운동
- 근 긴장도 평가 및 치료
- 자세변화와 앉기, 서기, 이동, 보행평가 및 점진적 보행훈련
- 하지 보조기와 의지 및 휠체어 필요성 평가 및 훈련
- 근육의 근력, 지구력, 협동성을 증가시키는 운동 실시
- 여러 가지 물리치료 방법[열치료, 전기치료, 견인치료, 마사지 등] 실시

작업치료사

작업치료사는 기능적 활동, 즉 일상생활 동작에 중점을 두고 환자를 치료한다.

- 자조활동의 독립성을 최대화하기 위한 평가 및 훈련
- 팔의 보조기, 의지, 기타 적응장치 및 의자차 등의 필요성 평가 및 사용법 교육
- 팔의 관절운동 범위, 지구력, 근력, 협동의 유지와 개선
- 감각, 인지능력 손상의 평가 및 그에 대한 보상방법 훈련
- 피로와 에너지 소비를 최소화한 방법으로 일상생활 동작훈련
- 집안구조, 환경장애물에 대한 평가 및 장애요소 제거
- 운전기능 평가 및 재훈련
- 도구 이용법 및 유지법 훈련
- 장애에 맞는 직업기술 및 취미 평가
- 간호사, 언어재활사와 함께 삼킴장애에 대한 평가 및 관리

언어재활사

실어증, 조음장애, 실행증, 인지-의사소통 장애 등의 환자를 평가하고 치료한다.

- 듣기, 말하기, 읽기, 쓰기 등의 언어에 대한 평가
- 인지와 관련된 의사소통 장애에 대한 접근
- 의사소통 기구의 훈련
- 연하기능의 평가와 치료
- 가족과 환자에 대한 교육과 상담

재활심리 치료사

환자와 가족이 장애를 극복할 수 있도록 정신적인 면을 돕는다.

- 스트레스 대처방식, 문제해결 기술, 심리상태에 대한 훈련
- 지적능력, 인지능력 및 기억력 검사
- 신체적 변화에 대한 적응, 장애로 인한 2차적 문제들 및 성기능 변화와 적응방법 등에 대한 상담

의지보조기사

- 보조기 의지 디자인, 조립 및 제작, 환자의 적응평가
- 기구의 사용, 유지에 대한 교육 및 수리
- 생활보조기구 사용훈련 및 수리

원예치료사

원예치료사[복지원예사]는 식물을 이용한 원예활동을 통해 환자가 정서적으로 안정되고, 운동기능 및 인지기능을 회복시키거나 유지할 수 있도록 돕는다.

- 환자의 관심사, 참여도, 사회적 능력, 인지능력, 신체적 제한성 및 능력, 장애도, 감정반응, 각성도 평가
- 원예활동을 통한 정서적 안정
- 주의력, 집중력 증가
- 팔의 관절운동 범위, 지구력, 근력, 협동의 유지와 개선
- 감각, 인지능력 손상의 평가 및 그에 대한 보상방법 훈련
- 도구 이용법 및 유지법 훈련
- 장애에 대한 적응, 가족과의 관계 개선 및 행동수정
- 원예를 이용한 직업기술 훈련
- 사회로의 복귀를 위한 적응훈련

사회복지사

환자의 생활방식, 가족상황, 재정 및 고용상태 등을 평가하고 재활팀을 보조한다.

- 사회적, 행정적으로 도움이 되는 정보제공 및 지원 연결
- 재정문제에 대한 상담
- 퇴원 후의 원활한 치료과정 안내

직업상담사

- 직업적 흥미, 적성, 기술 평가
- 직업전환에 대한 상담
- 직업과 관련된 행동이 향상되도록 활동을 조직화
- 고용주들의 교육 및 관련 혜택 정보 제공

4 재활의학의 치료분야

1) 장애의 분류 및 범주

재활의학은 각종 질병 및 사고로 인하여 '장애가 생긴 사람'으로 하여금 주어진 조건 하에서 최대한의 신체적, 정신적, 사회적 능력과 잠재적 능력을 발달시켜 가능한 한 정상에 가까운 또는 남에게 도움을 받지 않는 생활, 즉 독립적인 생활을 할 수 있게 해주는 분야이다. 따라서 재활치료의 대상은 장애가 생긴 사람 또는 장애를 가진 사람을 의미한다.

장애에 대한 분류 및 구분은 1980년 세계보건기구인 WHO의 '장해, 장애 및 핸디캡의 국제적 분류ICIDH : International Classification of Impairment, Disability and Handicap'에서 이루어졌다. ICIDH에서는 장해를 장해, 장애, 핸디캡의 세 가지로 분류했는데, 장해impairment는 질병, 상해, 선천적 기형 등으로 인해 만성적 또는 영구적으로 나타나는 심리적, 생리적 또는 해부학적 구조나 기능을 말하며, 손상이나 기능장애라는 용어로도 사용된다. 장애disability는 장기간 지속되는 신체적 또는 정신적 기능장애로, 손상의 결과 정상적인 사람이 일상생활 속에서 활동을 수행하는 능력의 제한이나 결여를 갖게 되는 것을 의미한다. 일상생활 동작장애, 운동장애, 가사활동장애 등 개인 전체의 기능수준의 장애를 말하며, 능력장애 또는 활동제한activity limitation 등의 용어를 사용하기도 한다. 마지막으로 핸디캡handicap은 기능장애나 능력장애로 인하여 사회적 역할 수행이 제한되거나 불가능해지는 상태로, 환경 및 사회적 수준의 장애를 말하는데, 2001년 새롭게 개정된 국제장애분류를 통해 참여 제약participation restriction이라는 용어로 변경되었다.

장애의 분류체계는 의학적 및 사회학적 정책결정의 기준을 마련하는 데 크게 기여했다. 그러나 장애란 한 개인에게 객관적 사실로서 존재하는 것이 아니라 사회적 가치판단에 의해 필요에 따라 규정되며, 장애의 정의 및 범주는 사회적 규범 속에서 정해지게 된다. 우리나라는 「장애인복지법」에서 장애인의 정의 및 범주를 규정하고 있다.

표 4-3 | 「장애인복지법」 개정에 따른 장애분류 및 장애범주 (2003. 7)

신체적 장애

구분	장애	내용
외부신체 기능의 장애	지체장애	절단장애, 관절장애, 지체기능장애, 변형장애 등
	뇌병변장애	중추신경의 손상으로 인한 복합적인 장애
	시각장애	시력장애, 시야결손장애
	청각장애	청력장애, 평형기능장애
	언어장애	언어장애, 음성장애, 구어장애
	안면장애	안면부의 추상, 함몰, 비후 등 변형으로 인한 장애
내부기관의 장애	신장장애	투석치료 중이거나 신장을 이식받은 경우
	심장장애	일상생활이 현저히 제약받는 심장기능 이상
	간장애	일상생활이 현저히 제약받는 만성 · 중증 간 기능 이상
	호흡기장애	일상생활이 현저히 제약받는 만성 · 중증 호흡기 기능 이상
	장루 · 요루장애	일상생활이 현저히 제약받는 장루 · 요루
	간질장애	일상생활이 현저히 제약받는 만성 · 중증 간질

정신적 장애

정신지체	지능지수가 70 이하인 경우
정신장애	정신분열증, 분열형 정동장애, 양극성 정동장애, 반복성 우울장애
발달장애(자폐증)	소아자폐 등 자폐성장애

2) 재활의학의 치료분야

재활치료의 대상은 장애가 있는 사람, 즉 재활을 필요로 하는 누구나 치료대상이 될 수 있다. 그러나 재활치료의 대상 또는 치료분야는 사회적인 필요나 추세에 따라 달라지기도 한다. 예를 들어 고령 인구가 급속도로 증가하면서 노인에 대한 정부나 사회의 본격적인 대책이 점차 가시화되고 있으며, 이로 인해 재활 분야 중에서도 노인재활 또는 치매환자의 인지재활에 대한 관심이 함께 증가하고 있다. 또, 스포츠재활, 심장재활, 암환자재활 등 과거에는 일반화되지 않았던 재활 분야의 환자 및 사회적 관심이 증가하면서, 이 분야의 재활 역시 활성화되고 있다.

현재 재활의학에서 치료하는 분야를 예를 들어 열거하면 다음과 같다.

- 뇌졸중[중풍]
- 사지마비, 하지마비
- 척수손상
- 보행이상
- 뇌성마비
- 자세 및 관절의 변형
- 요통
- 어깨와 목 부위 및 족부[발목, 발바닥] 통증
- 각종 관절염[퇴행성 및 류마티스]
- 기타 각종 만성 통증
- 의수, 의족 및 보조기
- 스포츠 손상

5 재활의학적 평가

재활의학과의 치료 과정은 먼저 기능 사정으로부터 시작한다. 기능 사정이란 환자의 기능 수준을 객관적으로 측정하는 체계적인 방법으로 신체적 건강, 자기유지 정도, 역할 상태, 지적 상태, 사회적 활동, 세계관, 정서 상태를 말한다.

재활의학적 평가 및 치료는 환자의 기능에 중점을 두고 이루어진다. 기능 사정은 사람들이 일상생활, 업무, 사회적 상호관계, 여가 활동 등을 수행하는 데 필요한 다양한 기술을 사용할 수 있는 정도를 측정하는 것으로 신체 기관의 기능장애, 과업 수행의 어려움 정도, 정신 상태, 의사소통 및 감각운동 능력 등 개인의 능력 수준을 객관적으로 측정하기 위한 체계적인 시도이다. 즉, 기능상태란 질병과 구분하여 개인이 일상생활의 동작을 수행하는 상태를 말한다.

재활의학은 특정 기능의 측정뿐만 아니라 모든 기능의 총합인 삶의 질 측정과 관련된다. 재활의학 전문가들이 바라는 궁극적인 결과는 대상자들의 기능이 좋아져서 더욱 독립적이 되고, 더 많은 것을 선택할 수 있게 됨으로써 많은 기회를 이용할 수 있는 것이다.

따라서 재활치료팀원들의 1차적 책임은 장애인의 신체적, 심리적, 사회적, 직업적, 인지적 기능을 사정하는 것이다. 개인에게 신체적 결함이 있더라도 남아 있는 능력으로 어떻게 기능할 수 있는지를 객관적으로 측정하여 재활치료 서비스 전, 중, 후의 기능적 능력을 평가하고 분류한다.

3 뇌졸중 재활

뇌졸중은 대표적인 뇌신경재활 분야이며, 뇌졸중 환자가 재활환자의 대부분을 차지하고 있다. 뇌신경재활을 필요로 하는 환자들은 신체기능의 장애뿐만 아니라, 정서적, 인지적, 사회적, 직업적 기능장애를 갖게 되기 때문에, 환자의 증상과 치료 및 평가방법을 확인하여 포괄적이고 기능적인 재활, 그리고 재활치료팀 중심의 접근이 요구된다.

1 뇌졸중의 분류

뇌졸중은 갑작스럽게 발생한 국소적인 뇌기능의 이상이 24시간 이상 지속되면서 다른 원인질환들이 배제되고 뇌혈관의 이상에 의해서 발생한 경우로 정의한다. 이때 24시간이라는 기준이 포함된 것은, 증상이 발생한 후 24시간 이내에 증상이 회복된 경우를 일과성 허혈증으로 따로 정의하여, 뇌졸중과는 약간 다른 개념으로 용어를 사용하기 때문이다. 뇌졸중은 크게 출혈성 뇌졸중[뇌출혈]과 허혈성 뇌졸중[뇌경색]으로 나누어지는데, 출혈성 뇌졸중의 경우에는 지주막밑 출혈과 뇌실질내 출혈로 나눌 수 있다. 지주막밑 출혈은 머리 외상에 의한 경우 가장 흔히 발생하며, 비외상성인 경우에는 뇌동맥류가 파열되어 생기는 경우가 흔하고 이외에도 동정맥 기형에 의해 출혈이 발생하는 경우도 있다. 뇌실질내 출혈은 고혈압성 뇌출혈이 가장 흔하며, 뇌심부에 혈류를 공급하는 동맥의 파열에 의해 발생하고 주로 바닥핵, 특히 피각, 뇌심부 백질, 시상, 소뇌, 뇌교 등에 잘 발생된다. 증상은 두통과 구토를 동반하며 출혈의 위치와 크기에 따라 다른 신경학적 장애가 나타나고, 출혈이 아주 작거나 기능이 미미하나 뇌 부위에 발생한 경우에는 신경학적 장애를 일으키지 않을 수도 있다. 한편 허혈성 뇌졸중은 뇌혈관이 막히거나 혈류가 감소하여 뇌 조직에 필요한 산소 및 영양을 공급하지 못할 경우에 발생하게 되는데, 혈관이 막히는 경우는 심장이나 몸 쪽 혈관으로부터 유래된 색전에 의한 경우와 좁아진 혈관 부위에서 직접적으로 발생하는 혈전의 경우로 나뉜다. 혈류가 감소하는 경우는 혈관의 폐색 없이 동맥경화증이나 혈전에 의해서 혈관 내경이 좁아진 상태에서 분지되는 혈관의 경계부위에 저혈압, 탈수 등에 의해 혈루가 감소되고 뇌경색이 발생되는 것인데 이런 경우를 경계부 경색으로 정의한다. 전형적인 임상양상은 순수운동장애pure motor stroke, 순수감각장애pure sensory stroke, 감각운동장애sensorimotor stroke, 실조성 반불완전마비ataxic hemiparesis, 구음장애dysarthria, 서툰 손 증후군clumsy-hand syndrome으로 나뉜다.

2 뇌졸중의 증상

뇌졸중에서 나타나는 뇌기능 이상의 대부분이 국소적인 신경학적 증상으로 나타나지만, 의식장애, 사지마비 등 전반적인 신경학적 증상을 보이는 경우도 있다.

뇌는 각 부위마다 고유한 기능을 가지고 있다. 뇌는 크게 경동맥carotid artery과 척추뇌기저동맥에 의해 혈액을 공급받는데, 뇌의 약 80%에 혈액을 공급하는 경동맥은 주로 대뇌와 대뇌밑 구조에, 뇌의 약 20%에 혈액을 공급하는 척추뇌기저동맥은 주로 뇌간brain stem과 소뇌에 분포하고 있다. 따라서 허혈성 뇌졸중은 발생한 위치 또는 동맥의 종류에 따라 증상은 매우 다르게 나타난다.

표 4-4 | 경동맥 및 척추뇌기저동맥 허혈 주요 증상

경동맥 허혈	척추뇌기저동맥 허혈
• 반대쪽 반신마비 • 반대쪽 감각소실 • 일측 맹 • 중심성 안면마비 • 실어증 • 구음장애 • 시야결손	• 반대쪽/동측 반신마비contralateral/ipsilateral hemiplegia • 반대쪽 또는 교차감각소실contralateral/crossed hemisensory loss • 부동시diplopia • 말초성 안면마비peripheral facial palsy • 현훈vertigo • 구음장애dysarthria • 연하장애dysphasia • 난청deafness

한편, 뇌경색의 경우, 뇌경색이 발생한 대뇌동맥의 위치(중간대뇌동맥, 앞대뇌동맥, 뒤대뇌동맥, 척추뇌기저동맥, 관통동맥 등)에 따라 증상이 각기 다르게 나타난다. 뇌경색 중 중간대뇌동맥에 발생하는 뇌경색이 재활의학과 입원환자 중 매우 흔한데, 뇌경색이 발생한 반대쪽의 상지, 하지 등에서 나타나는 반신마비(편마비, hemiplegia) 증상이 가장 대표적이다. 또한 연하곤란(연하장애, 삼킴곤란, dysphasia), 실어증(aphasia), 실행증(apraxia), 실인증(affective agnosia) 및 무시(neglect)와 같은 시공간 결손(visuospatial deficit)이 동반될 수 있다.

인간의 뇌는 우뇌와 좌뇌의 기능이 다르기 때문에, 뇌졸중으로 인한 병변이 어느 쪽에 발생했는지에 따라서 특징적인 증상을 보인다. 우뇌는 비우세 반구(non-dominant hemisphere)로 언어, 계산력과 밀접한 관계를 갖는다. 그래서 우뇌 손상시에는 지능지수 중 주로 행위 지능지수(performance IQ)가 떨어지고, 지각장애(perceptual disorder)가 잘 동반되며, 실수를 통해 학습이 잘 되지 않고, 충동적인 행동을 보이는 경우가 많다. 반면, 좌뇌 손상 시에는 지능지수 중 주로 언어지능지수(verbal IQ)가 떨어지고, 언어소통에 장애를 보이며, 언어가 아닌 행동을 통해 학습이 가능하고, 우울증이 잘 동반된다.

3 뇌졸중 재활의 원칙 및 치료전략

뇌졸중은 성인에 있어 장애를 일으키는 여러 질환 중 높은 비중을 차지한다. 또한 개인별로 정도의 차이는 있지만 생존자의 85% 정도가 기능장애를 가지며, 연하곤란, 의사소통장애, 보행장애, 일상생활 동작장애, 인지기능 저하, 정서적 문제, 사회로의 복귀 어려움, 가족구성원으로서의 기능 상실 등 다양한 장애가 포함된다.

뇌졸중 환자의 재활 목표는 치료를 통해 기능저하를 최소화하고 기능을 최대한 독립적으로 수행할 수 있도록 하여 집, 가족, 그리고 사회로의 복귀를 성공적으로 할 수 있도록 돕고, 의미있는 삶을 영위할 수 있도록 하는 데 있다. 따라서 뇌졸중 환자의 기능장애를 최소화하고 궁극적인 재활의 목표를 달성하기 위해서는 가능한 한 빠른 시기에 재활치료를 병행 실시하고, 초기의 급성기 치료가 끝나는 즉시 포괄적인 재활치료를 진행하는 것이 매우 중요하다.

뇌졸중 환자의 재활치료 원칙은 첫째 포괄적 접근, 둘째 기능적 접근, 셋째 팀 접근이다. 팀 접근에 의한 치료는 포괄적 접근 및 기능적 접근을 달성하기 위해 꼭 필요한 것으로, 재활의학전문가, 재활간호사, 물리치료사, 언어재활사, 작업치료사, 원예치료사, 재활심리치료사, 사회복지사 등 다양한 영역의 전문가들이 참여한다. 이러한 팀 접근에 의한 치료는 환자와 가족을 중심에 두고 이들의 장애를 최소화하기 위함이다.

1) 포괄적 접근

뇌졸중 환자는 장애가 지속되므로 슬픔, 불안, 우울, 절망, 분노, 좌절, 혼동 등 다양한 심리적 변화를 경험하게 된다. 또 환자들은 일상생활에서의 독립성이 상실되는 것을 두려워하고, 장애로 인해 자존감이 감소되며, 퇴원 후 가족들이 자기를 간병할 수 있는지 또는 본인이 적절한 역할을 감당할 수 있는지에 대해 염려한다. 이처럼 환자 대부분이 뇌졸중 후 심리적 문제를 겪는데, 이를 해결할 방법은 병전의 방어기제와 유사하다. 또, 심리 및 사회적 측면과 가족의 지지는 뇌졸중의 재활치료에 매우 중요한 부분을 차지하기 때문에, 가족과의 문제를 다루는 것도 반드시 필요하다.
뇌졸중의 경과와 뇌졸중 재활의 성과는 신체적 기능 저하뿐만 아니라 여러 요소들에 의해 영향을 받는다. 따라서 뇌졸중 환자를 치료할 때에는 전반적인 영역을 다루어야 하며, 신체적, 심리적인 면과 더불어 사회적, 작업적, 경제적인 면 역시 고려되어야 한다.

2) 기능적 접근

뇌졸중으로 인한 여러 증상 및 합병증으로부터 오는 기능저하 및 장애를 최소화하여 사회에 복귀할 수 있도록 하기 위해서는 재활치료 및 평가가 기능적 측면에서 이루어져야 한다. 목표를 정하고, 학습 및 적응을 위한 치료를 실시하며, 환자가 사회에 복귀했을 때 당면하게 되는 문제를 중심으로 접근해야 한다.
재활치료는 목표 지향적이어야 하며, 학습과 적응의 과정이다. 실제 재활치료는 환자가 병전의 기술과 장애를 보상할 수 있는 방법을 획득할 수 있다는 가정하에 이루어지므로, 환자의 수준에 맞는 과제를 선택하여 그 수준을 조금씩 높여가야 한다.

3) 팀 접근

뇌졸중의 경과는 여러 측면에서 다양하게 나타나고 개개인의 장애 정도도 매우 복합적으로 나타나므로, 환자의 필요에 맞춘 포괄적인 치료를 위해서는 여러 전문가들이 팀을 이룬 접근이 필요하다. 재활치료팀의 구성은 환자의 필요와 시설에 따라 다르다.

4 뇌졸중의 평가

뇌졸중 환자의 평가는 환자의 상태를 파악할 뿐만 아니라 치료의 효과를 판정하거나, 예후를 예측하는 데에도 중요하다. 뇌졸중 환자를 평가할 때에는 신경학적 결손, 장애, 핸디캡 차원에서의 평가가 각각 가능하고, 또한 기능을 평가하는 데 있어 운동, 감각, 인지, 언어, 시공간 지각기능 등 여러 측면을 통합적으로 평가하거나 각각의 기능을 좀 더 세밀하게 평가할 수 있다.

5 뇌졸중 재활의 흔한 합병증

1) 생리적 탈조건화 deconditioning

생리적 탈조건화는 뇌졸중 후 급성 내과적 질환 및 장기간의 침상 안정과 동반되어 나타난다. 또한 회복과정과 재활에 악영향을 줄 수 있는 피로, 지구력 제한, 기립성 저혈압, 동기결여, 우울증, 운동지속성장애 등의 문제를 일으킨다.

2) 관절 구축

관절 구축은 관절운동 범위의 제한뿐만 아니라 통증을 유발하고, 경직을 증가시켜 재활치료에 방해가 된다. 관절 구축을 예방하기 위해서는 침상이나 의자에서 환측 사지에 대해 적정 체위를 유지하거나, 정상적 관절운동 범위 유지를 위한 관절 범위 운동이 요구되며, 환자의 기능에 따라 수동적 관절 범위 운동을 시행할 수 있다.

3) 낙상과 골절

뇌졸중 환자의 낙상은 인지기능, 지각기능, 의사소통, 균형감각, 근력의 변화 등에 의해 발생하며, 발생빈도도 높다. 낙상으로 인한 고관절 골절 등은 환자에게 낙상에 대한 공포, 독립보행의 제한을 야기하고, 기능 회복에 장애가 된다. 균형훈련이나 인지치료, 환경위험요소 제거, 밝은 실내조명 및 미끄럼 방지시설, 간호사 호출장치 부착, 환자 및 치료사 안전교육 등을 통해 예방할 수 있다.

4) 골다공증

골다공증은 뇌졸중 환자에게서 잘 발생하고, 골다공증으로 인한 골절은 치료가 어려울 뿐만 아니라 골절로 인한 합병증을 유발하여 환자의 생명까지도 잃게 할 수 있다. 골다공증의 원인으로는 마비로 인한 운동제한 및 뼈 흡수 증가, 뼈의 체중부하 감소로 인한 뼈 무기질화 장애, 영양소 섭취부족, 일광노출 부족으로 인한 비타민 D 결핍 등이 있다.

5) 반신마비 어깨통증

반신마비 어깨통증은 뇌졸중 후 회복을 방해하고, 삶의 질을 저하시키는 흔한 합병증이다. 어깨통증의 원인들로는 어깨 부분탈구, 관절낭염, 충돌증후군부딪침증후군 impingement syndrome, 윤활낭염, 어깨회전근개 손상, 복합국소통증증후군 complex regional pain syndrome, 경직 등이 있다. 어깨통증은 심각한 운동장애와 감각장애, 반신마비 기간, 어깨 관절운동 범위의 제한 등과 연관된다.

6) 욕창

욕창은 뇌졸중 환자의 14.5%에서 발생하며, 혼수상태에서 발생률이 증가한다. 욕창의 위험인자로는 감각 이상, 이동성 제한, 배뇨와 배변 기능장애, 인지기능 저하, 근긴장, 영양상태 이상 등이 있다.

7) 심부정맥혈전증

심부정맥혈전증은 마비가 심한 뇌졸중 환자의 약 1/3에서 발생한다. 심부정맥혈전증은 나이가 많을수록, 움직이지 못하는 경우, 하지마비, 심방세동이 있는 경우 잘 생긴다. 정맥혈전증을 예방하기 위해서는 탄력스타킹을 착용하도록 하고, 약물로는 헤파린 또는 아스피린을 복용하는 것이 도움이 될 수 있다.

8) 감염

폐렴은 뇌졸중 후 주요한 사망원인 중 하나인데, 일반적으로 잘 움직이지 못하거나 기침을 못하는 환자에게서 잘 발생한다. 이는 요로계 감염이나 연하곤란 등으로 인한 구역반사, 기침 등이 원인이 되기도 한다. 따라서 뇌졸중 환자가 열이 나면 즉각 해열제를 사용해서 열을 떨어뜨리고 열이 나는 원인을 찾아야 한다.

9) 발작

발작은 뇌졸중 발생 후 처음 수일 동안 발생할 수 있다. 대부분 처음 24시간 이내에 발생하고, 전신성 발작보다는 부분발작이 흔하다.

4 노인 재활

의료 및 사회경제적 수준이 향상되면서 평균수명이 길어지고, 핵가족화 현상의 빠른 확산은 노인 연령층에게 건강 및 독립적 활동성에 대한 큰 관심을 모으고 있다.
나이가 든다는 것은 살아있다는 증거의 하나이지만, 연령의 증가는 어쩔 수 없는 기능저하를 초래하며 이러한 기능저하는 만성질환으로 이어진다. 따라서 노인 재활은 특정 질환이나 손상에 따른 장애를 최소화하거나 회복시키는 것뿐만 아니라 잘 계획된 신체 최적화 프로그램을 적용하여 질병을 예방하고 노인에게 흔한 근골격계 질환의 조기 재활치료의 일환으로 장애의 진행을 막는 등의 역할을 담당할 수 있다. 또, 추후 노인 의료비 지출 증가에 따른 사회경제적 비용 부담을 줄이는 데 도움이 될 수 있다.

1 노화에 따른 변화

1) 자세

노화가 진행되면서 머리는 앞쪽으로 나오고, 허리가 굽어진다. 하지에서는 고관절과 무릎관절의 굽힘이 증가하고, 발목관절의 배측굴곡[등쪽 굽음]은 감소한다. 노화가 진행됨에 따라 골반은 넓어지고 고관절의 외반변형이 일어나며, 결과적으로 바로 선 자세에서 다리를 넓게 벌리게 된다.
이러한 자세의 변화는 보행자세의 변화로도 연결된다. 보행 시 팔 흔들기가 감소하고 보장거리가 짧아지며, 자세의 흔들림이 증가하거나 무릎관절의 굽어짐으로 인해 지팡이 등의 보행보조기가 필요할 수 있다.

2) 신경학적 변화

노인환자의 병적인 상태를 구별하기 위해서는 노인에게 있어 어떤 상태가 정상인지를 먼저 알아야 한다. 다음은 노인에게 정상적으로 관찰되는 신경학적 변화를 정리한 것이다.

표 4-5 | 노인에게 흔히 보이는 신경학적 변화

구분	변화
안구 징후	• 작고 불규칙한 동공 • 대광 및 근접 반사 감소 • 폭주[convergence]와 상방응시의 범위 감소 • 느려진 추적 응시
운동 징후	• 진전 : >69세, 43%가 팔 떨림, 7%가 머리 떨림 • 보행 : 동반 동작의 감소와 짧은 보폭 또는 넓은 보폭 • 운동조정 곤란 • 길항운동 반복부전 • 뼈사이근 위축 • 근긴장도 증가 : 팔보다는 다리, 먼 쪽보다는 몸 쪽 • 근력 감소 : 팔보다는 다리, 먼 쪽보다는 몸 쪽
감각 징후	• 먼 쪽의 진동감각 감소, 팔보다는 다리 • 고유수용감각의 변화 • 촉각, 통각, 온각의 역치 상승 • 동시 자극에 대한 감각 저하
반사 징후	• 발목반사의 저하 혹은 소실 • 무릎반사, 이두근 및 상완삼두근 반사 감소 • 복부반사의 소실 • 바빈스키 징후가 나타나지 않을 수 있음 • 감염성 근염 • 20~25%에서 원시반사의 출현

3) 심폐기능의 변화

노화에 따른 심장기능의 변화로는 심장저장능, 수축기능, 심박수, 운동에 따른 반응의 감소 등이 있다. 혈압은 나이가 들면서 올라가는 경향이 있으며, 폐기능은 폐활량의 감소와 함께 감소한다. 그러나 노인의 심폐기관 기능장애는 노화로 인해 발생하는 것이 아니라 주로 심폐기관의 질병에 의해 발생한다.

4) 기타

① 수분섭취

젊은 연령과 비교했을 때 노인층의 갈증 감지능력은 25% 이상 감소한다. 또한 노인은 수분섭취가 제한된 상황에 노출될 수 있어 탈수 위험이 높아지며, 이뇨제와 완화제 등 적절한 수분유지를 위해 수분섭취 요구량을 증가시킬 수 있다.

② 체온

노인들은 체온조절기전이 불안정하여 저체온증이나 고체온증으로 보다 쉽게 이환된다. 감염이나 다른 여러 염증성 질환에 대한 열성 반응이 나타나지 않을 수 있으며 이로 인해 오진하는 경우도 있다.

③ 운동

노인의 신체적 기능 소실을 예방하기 위한 '사용하라, 그렇지 않으면 잃을 것이다.'라는 간결한 원칙이 있다. 이는 노인에게 있어 생리학적 기능의 소실은 노화에 따른 필연적 결과가 아니라 무[無]활동의 결과라고 보는 것이다. 따라서 운동은 유연성 및 관절가동 범위 향상 등에 효과적이다.

그러나 운동프로그램을 시행하기 전 노인에서의 유의사항 및 금기증을 반드시 지켜야 한다. 심장상태가 확인되어야 하는데, 만약 불안정하거나 치료받지 못한 심혈관장애는 운동의 금기증이 된다. 또, 관절가동 범위 제한과 관절염이 있는 경우에는 운동프로그램의 수정이 필요하다. 약 복용이 운동능력에 영향을 미칠 수 있는 경우에도 운동프로그램의 수정이 필요하다.

2 노인 기능장애의 원인

노인 기능장애의 원인은 매우 다양하다. 다음에서 볼 수 있듯이, 각기 연령에 따라 그리고 질병에 따라 기능장애의 원인이 다르다.

표 4-6 | 연령에 따른 기능장애의 원인

연령	생물학적 기능의 감소	• 심장기능, 폐기능, 호흡량 • 근력, 유산소운동 능력 • 혈관 역동성vascular dynamics, 말초혈관저항 • 관절기능, 균형감각 등 감소
	정신심리적 기능의 감소	• 느린 학습속도 • 보다 많은 반복이 필요 • 재활과정에 대한 기대감 저하 • 회복에 대한 기대감 및 자신감 저하
	사회적 원인	• 노화에 대한 부정적 생각 • 전문치료를 받을 기회 감소 • 자신감 결여 • 경제적 어려움

표 4-7 | 질병에 따른 기능장애의 원인

질병	생물학적 기능의 감소	• 여러 질병, 오랜 침상생활 • 운동부족, 관절 구축 • 너무 많은 약물의 사용 • 총체적인 장기기능 저하
	정신심리적 기능의 감소	• 인지기능 저하 • 우울증 • 동기 부족 • 비전형적 행동
	사회적 원인	• 만연되어 있는 선입관 • 적절한 치료시설의 부족 • 교통 및 건물의 접근성 부족 • 치료비 보험지불의 제한

3 노인 재활

노인 재활 과정에는 적응, 장애 예방과 기능회복, 의학적 치료의 세 가지 개념이 포함된다.

첫째, '적응'은 정상 또는 병적인 노화의 과정과 같이 복구가 불가능한 경우에 적용되는 개념으로, 이에 대한 환자 및 가족교육이 필요하다. 재활치료팀은 환자가 노화로 인해 어떤 동작을 예전처럼 할 수 없을 경우, 변형된 새로운 방법으로 수행할 수 있도록 가르칠 수 있으며, 만약 환자가 새로운 기술을 배울 능력이 떨어진다면 환자뿐 아니라 가족에게도 교육을 시킨다.

둘째, '장애예방과 기능회복'은 노인 재활의 중요한 요소이다. 노인 재활에 있어 기능장애에는 가역적인 것과 불가역적인 것이 뒤섞여 있다. 예를 들어, 상지 골절환자가 팔의 근력 및 활동성을 소실했다면, 이는 골절치료를 위해 팔 운동을 중단하고 있었기 때문에 나타난 2차적 합병증이며 이는 대부분 가역적이다. 이러한 환자들은 추후 어느 정도의 근력과 움직임이 많이 회복되더라도 어깨관절의 가동 범위에 영구적인 제한이 남는 경우가 많다. 따라서 적절한 재활프로그램은 어깨관절의 기능 회복뿐만 아니라 다른 주변 근육 및 관절기능의 퇴보를 예방하거나 회복시키는 데 매우 효과적이다. 꾸준히 사용하지 않으면 기능을 잃을 것이라는 개념은 노인 재활 프로그램의 전반에 걸쳐 공통적으로 적용된다.

셋째, 상당수의 노인 장애는 만성적이고 치유 불가능한 것이지만 적절하게 조절하면서 잘 관리할 수 있다. 장애의 '의학적 치료'에 있어 치유를 위한 치료가 가장 이상적이지만, 그것이 불가능한 상황이라면 만성질환과 합병증, 관련 장애들을 예방하거나 지연시키기 위한 치료과정을 통해 더 이상 진행되지 않고 안정화 시키는 것이 노인 재활에서 매우 중요하다.

노인환자의 효과적인 재활치료를 위해서는 정확한 평가[기능소실과 장애를 촉발시킨 신체이상 파악]와 현실 가능한 목표의 설정, 다양한 분야의 전문의와 협진, 효율적인 치료방법의 조절[시간, 횟수, 강도] 등이 필요하다.

4 흔히 접하는 합병증 관리

① 우울증

우울증은 노인의 15% 정도에서 흔히 나타나지만 적절히 진단받지 못하는 경우가 많다. 장애가 있는 노인이 독립적인 생활이 가능한 노인에 비해 우울증의 빈도가 더 높다. 노년에는 우울 증상을 직접적으로 호소하기보다는 동통, 피로감, 불면, 식욕부진, 체중감소, 변비, 호흡곤란 등의 신체증상이나 불안, 초조 등의 정서증상, 그리고 집중력 결핍, 기억력 장애 등의 징후로 나타날 수 있다. 우울한 기분이나 의욕 감퇴, 피로감, 자살충동 등이 나타날 경우 중증의 우울증을 의심할 수 있다. 우울증이 심한 경우에는 치매와 감별이 어려우며, 알코올이나 약물중독, 특정 약물 복용도 우울증과 연관이 있을 수 있다.

② 섬망

섬망이란 의식이나 주의력 결핍, 사고의 혼란 등을 동반한 인지기능의 변화가 나타나는 것으로, 수면장애, 환각, 초조증상이 동반될 수 있다. 급성질환으로 인해 섬망이 초래될 수 있는데, 섬망을 초래하는 대표적인 질환으로는 감염, 탈수, 뇌졸중, 체온저하, 요독증, 심부전, 간기능부전, 폐혈전색전증 등이 있다. 또 섬망은 인지기능장애나 치매 환자에서 흔히 발생한다.

③ 통증

노인에서 통증의 가장 흔한 원인은 근골격계 질환이다. 노인에게 많은 근골격계 질환으로는 척추협착증, 연조직의 문제로 인한 어깨관절 통증, 관절 등이 있다. 이외 통증의 원인으로는 종양, 대상포진, 혈관염, 류마티스성 다발근육통, 동맥경화성 말초혈관병증 등이 있다. 노인 환자에게 있어 통증은 우울증, 수면장애, 보행장애를 유발하고 사회활동을 위축시키며, 불필요한 의료비를 가중시키는 중요한 원인이 된다. 노년의 우울증은 신체증상으로 통증을 호소하는 경우가 많으므로, 우울증 유무를 확인하여 치료를 진행해야 한다. 기억력을 포함한 인지기능 장애가 있는 경우에는 통증호소 및 병력청취가 부적절할 수 있다.

④ 연하곤란

연령의 증가에 따라 나타나는 삼킴작용의 생리적 변화는 각 시기별로 구분된다. 구강기oral phase는 음식물을 섭취하고 저작한 후 인두로 음식물을 운반하는 시기이다. 노인이 되면 안면근과 저작근의 근력감소, 혀의 운동기능 저하로 음식물을 조절하고 운반하는 데 제한을 받아 삼키기 전 여러 번 혀를 움직이는 모습을 볼 수 있다. 인두기pharyngeal phase는 삼킴반사가 유발되어 음식물이 인두로 들어간 후 괄약근을 통과할 때까지이다. 노인의 인두근 근활성도는 비교적 잘 보존되지만 인두 통과시간이 길어져 음식물을 식도로 내려 보내기 위해서 여러 번 삼키는 것이 필요할 수 있다. 또 연령이 증가하면서 인두 및 후두의 감각이 저하되어 무증상 흡인 발생확률도 높아진다. 식도기esophageal phase에서는 식도의 2차 연동운동이 감소하여 음식물의 통과시간이 길어지는 등 운반에 영향을 받을 수 있다.

삼킴의 문제는 약물부작용, 의치, 신경학적 문제, 식이섭취를 의존하는 등의 심리적인 문제, 종양, 경추질환, 결합조직병, 근육질환 등에 의해 발생될 수 있다.

⑤ 저혈압

많은 노인에서 비교적 짧은 기간 동안 침상안정을 했는데도 증상을 동반한 기립성 저혈압이 유발될 수 있다. 기립성 저혈압이란, 기립 후 3분 내에 수축기 또는 이완기 혈압이 10~20mmHg 이상 감소되는 것으로, 적절히 치료하지 않으면 낙상으로 인해 골절이 유발될 수 있어 노인의 기능을 저하시키는 요인이 된다.

기립성 저혈압은 혈압이 떨어지면서 두통, 어지럼증, 시야 흐려짐, 기운 없음, 인지기능장애 등의 증상을 보일 수 있다. 이는 노화, 약물, 고혈압 후 나타나는 혈압조절의 변화, 자율신경계의 장애를 유발하는 노인성 질환 등에 의해 유발된다.

자율신경계의 문제로 인해 유발되는 기립성 저혈압은 만성적인 것으로, 다발성 뇌경색, 다발성 전신위축, 파킨슨병, 당뇨병 등이 원인이다.

⑥ 골다공증 및 골절

골다공증이 있는 노인이 낙상을 하면 고관절, 손목, 어깨관절 등에 골절이 발생될 수 있다. 이중 가장 문제가 되는 것은 고관절 골절이다. 최근에는 환자의 기능을 증진하고 합병증을 줄이기 위해 조기에 수술하고 활동을 시작하는 추세이다. 특히 수술 후 합병증과 오랜 침상안정으로 인한 탈조건화 등 2차적 문제를 방지하기 위해서는 조기 거동이 중요하므로 집중적인 재활치료가 필요하다.

5 특별 관리가 필요한 질환

① 치매

치매는 인지기능 저하를 주 증상으로 하는 퇴행성 뇌질환으로 연령이 높아질수록 유병률이 증가한다. 남성보다는 여성에서 더 자주 발생하며, 점진적으로 발생하는 기억력 저하, 추론능력 및 문제해결능력의 상실, 판단력과 지남력 장애, 상대적으로 손상되지 않은 의식과 각성상태를 지닌 인격의 변화 등이 특징적이다.

치매환자의 재활치료는 약물치료와 비약물적 치료로 구분된다. 약물치료는 인지기능의 저하를 지연시키는 효과가 있다. 비약물적 치료는 인지기능의 호전, 행동심리증상의 조절, 일상생활 수행능력의 향상을 위해 시도되며, 다양한 방면의 감각자극, 일상생활 동작훈련, 행동조절, 운동, 음악치료, 원예치료, 광치료, 심리적 지지치료, 인정요법 등이 있다. 또, 치매환자의 가족이나 보호자에게 환자와 의사소통하는 방법, 환자의 잠재적 행동이상을 다루는 방법 등을 교육시키는 것이 필요하다.

② 파킨슨증후군

파킨슨증후군은 떨림, 경축, 서동, 자세불안정을 특징으로 하는 운동장애이며, 퇴행성질환이다. 파킨슨증후군에서 나타나는 자세이상은 척추측만이나 몸통 굽힘, 목을 과도하게 펴거나 굽히는 증상 등 대부분 환자가 서 있을 때 자세의 방향과 안정성에 영향을 미친다.

파킨슨증후군의 보행장애는 대부분 종종걸음으로 시작하여 병이 진행될수록 보행동결의 형태로 변화하며, 보행 시 균형장애를 유발하여 쉽게 낙상을 초래한다. 보행동결freezing of gait이란, 걷기 시작할 때, 걷는 도중, 또는 걷다가 돌아설 때 보행을 지속적으로 유지할 수 없는 단기간 동안 나타나는 동작의 억제이다. 보행 중 보행동결이 발생하면 대부분 '발이 땅바닥에 붙어있는 느낌'을 가지며, 심한 경우 움직임이 전혀 없는 보행중단까지 나타날 수 있어 파킨슨증후군에서 낙상의 중요한 원인이 된다. 또, 보행동결은 시간 및 공간적 제한이 있거나 보행 시 인지기능을 필요로 하는 업무수행을 하는 경우 더욱 심해진다. 이러한 보행동결의 치료로는 균형훈련, 감각자극을 이용한 보행훈련 및 운동치료, 약물치료, 수술적 치료 등이 있다.

③ 낙상

노인에게서 흔한 시각인지장애, 자세 불안, 운동의 제한, 기립성 저혈압, 하지약화, 전정기능의 퇴화성 혈관 변화에 의한 현기증 등에 의해 낙상 발생이 크게 증가한다. 낙상 위험을 증가시키는 다른 요인들로는 환경 장애물, 약물 부작용, 급만성 질병, 우울증, 무감정 또는 의식장애 등이 있다.

낙상의 위험요인을 감소시키기 위한 방편으로 체중감량, 걷기운동, 벤조다이아제핀 약물 복용 제한, 카페인 섭취 제한, 시력장애에 대한 적극적인 치료 등이 제안되고 있다.

④ 고관절 골절

고관절 골절은 낙상의 가장 심각한 후유증의 하나로, 이를 예방하기 위해서는 적절한 운동과 낙상고위험군 환자에 초점을 둔 개별화된 접근이 중요하다. 노인환자의 낙상으로 인한 고관절 골절 후 재활치료 과정에서는 재골절을 막기 위해 낙상의 원인 파악 및 관리가 필수적이다.

⑤ 관절염 및 인공관절치환술

노인 관절염의 치료 목표는 두려움, 피로, 강직, 통증의 경감, 염증반응 억제, 관절변형 방지 또는 교정, 그리고 기능의 유지이다. 관절염 환자의 운동치료는 집중적인 근육강화요법, 전반적 상태의 조절, 그리고 유산소운동을 포함하며, 팔걸이가 있는 적절한 높이의 견고한 의자, 잡기 쉽게 만든 조립식 손잡이, 손잡이가 있는 높은 변기, 보행보조기 등 다양한 보조기의 사용으로 사회생활에서 독립적인 활동을 유지하는 데 도움이 될 수 있다.

고령의 관절염 환자에게 있어 처치[예 : 인대나 힘줄의 교정술, 절골술, 관절성형술, 인공관절치환술 등]가 적절한 시기에 이루어지면 안정성의 개선, 관절가동범위 회복과 통증의 경감에 효과적이다.

⑥ 척수손상

척수손상은 일반적으로 젊은 인구에게서 발생하여 장애를 갖는 것으로 생각되지만, 증가하는 노인인구에서 척수손상의 발생률이 점차 높아지고 있으며 젊을 때 척수손상을 입은 환자가 노년까지 생존하는 비율도 증가하였다. 노인에게서 발생하는 척수손상은 경추 척수병증과 전이성 병변에 의한 척수손상이 낙상이나 교통사고로 인한 척수손상에 비해 많다.

노인 척수손상 환자의 재활치료는 나이와 상관없이 척수손상 후 기능적 목표를 달성하는 것이 중요하다. 즉, 옷 입기, 목욕하기, 계단 오르기, 이동동작 등 기능적 목표의 달성이 우선시 된다. 다만 노인의 경우 젊은 척수손상 환자에 비해 추가적으로 안전, 집안구조 변형, 거동 격려, 보호자 교육, 적절한 여가활동의 영위 등에 추가적으로 신경을 쓰는 것이 필요하다.

V

작업치료의 이해

인간은 끊임없이 움직인다. 이러한 움직임은 목적이 없을 때는 단순한 활동에 머물게 되지만 인간이 하고자 하는 의미를 가지고 목적을 부여 받을 때는 치료효과를 기대할 수 있다. 목적 있는 원예작업을 실시하여 대상자의 기능 행복과 심리 · 정서적 재활을 도와주기를 기대한다.

1 작업치료의 개념

사람들은 아침에 일어나서 잠자리에 들기까지 다양한 움직임과 함께 많은 활동activity을 수행한다. 이러한 활동 가운데는 개개인에게 의미가 있고, 목적을 가지고 수행하는 활동에서부터 의미는 없지만 목적만 있는 활동, 그리고 개개인에게 목적이나 의미 없이 하는 활동 또는 막연한 움직임까지 매우 다양하다. 하지만 인간이 끊임없이 생각하고 움직이며 활동하는 존재임은 틀림없는 사실이다.

대한작업치료사협회KAOT : Korean Association of Occupational Therapists에서는 작업치료에 대한 정의를 '작업이란 개인에게 의미가 있는 모든 종류의 육체적, 정신적, 사회적 활동을 말한다. 작업치료란 신체적, 정신적 그리고 발달과정에서 어떠한 이유로 기능이 저하된 사람에게 의미있는 치료적 활동을 통해 최대한 독립적으로 일상생활을 수행하고 능동적으로 사회생활에 참여함으로써 행복한 삶을 영위할 수 있도록 치료 · 교육하는 보건의료의 한 전문분야이다'라고 하였다.

미국작업치료협회AOTA : American Occupational Therapy Association에서는 '개개인 혹은 그룹이 집, 학교, 직장, 그리고 또 다른 배경에서 역할과 상황에 참여를 목적으로 일상생활 활동들을 치료적으로 사용하는 것이다. 작업치료서비스는 질병, 질환, 손상, 장애로 활동 제한이나 참여 제한의 위험이 있는 사람들의 건강과 안녕health and wellness의 증진을 목적으로 제공된다. 작업치료는 다양한 상황에서 건강, 안녕 그리고 삶의 질에 영향을 미치는 일상생활 활동에의 참여 지지를 위한 신체적, 인지적, 심리사회적 그리고 기타 수행과 관련된 부분에 초점을 두고 있다'라고 하였다.

이상에서 작업치료를 정의함에 있어서 공통적으로 자주 사용하는 단어가 '활동'과 '작업'

이다. 활동이란 사람들이 참여하고 있는 모든 행위 또는 일을 의미한다. 앞서도 이야기하였듯이 많은 사람들이 목적을 지닌 다양한 활동이나 일에 참여하고 수행하고 있지만 그 활동들이 모든 사람들에게 의미가 있는 일은 아닐 것이다. 반면 작업^occupation^이란 개개인에게 의미 있고 목적 있는 활동^purposeful activity^이다. 이 작업은 개개인이 속한 상황과 그 역할에 따라 그리고 개인이 가지고 있는 능력에 따라 달라질 수 있다. 예를 들어 학생들에게는 학업 즉, 교육 참여가 의미 있고 목적 있는 활동이 되지만 가족의 생계를 책임져야 하는 한 가정의 가장에게는 일이 그리고 어린 유아나 학령 전기 아이들에게는 놀이가 더 의미 있고 목적 있는 활동이 될 수 있다. 또한 한 가족을 돌보는 주부에게는 음식을 만들고 집안 정리하는 일이 목적과 의미가 있는 활동이 될 수 있지만 다른 가족 구성원들에게는 이러한 일이 단지 배고픔을 해결하거나 어질러진 방을 치운다는 목적만 있는 그래서 때로는 귀찮고 마지못해 하는 활동이 되기도 한다.

이처럼 어떤 활동이 개개인의 삶에 있어서 특별한 의미가 있고 그 일의 수행을 통해 만족감과 역할수행에 따른 즐거움을 느낀다면 그 활동은 작업이 되지만, 단지 단순한 어떤 목적만을 지닌 일은 활동에 머무르게 된다. 따라서 작업을 이용하여 치료하는 작업치료에서 작업이 가지는 의미는 매우 중요하며 또는 이 점이 다른 치료분야들과 구분되는 특징이다.

1 작업치료의 흐름

1) 고대와 중세 : 작업의 기원

초기의 작업은 치료라기보다는 활동과 운동, 일, 레크리에이션의 형태로 접근되어졌다. 중세 암흑기 동안에는 작업이 치료로서 거의 사용되지 않다가 실제적인 적용은 1700년대 유럽에서 시작되었다. 유럽의 정신병원 의사들은 입원환자의 사회복귀를 위하여 작업치료^work therapy^를 실시하였다. 또한 이 시대에 많은 생리학적 이론들이 발달하면서 다수의 외과 의사들이 체력증진과 심리적 안정을 위해 작업과 관련된 운동과 레크리에이션을 권상하기도 하였다.

2) 18세기와 19세기 : 인본주의 도덕적 치료

18세기 후반부터 19세기 초는 사회 구조적 불평등에 대한 의식이 깨어나는 시기로 모든 사람들에게 기회가 공평하게 제공되어야 한다는 사회적 인식과 함께 심리학, 해부학, 생리학 분야의 급속한 발전으로 새로운 지식의 개발과 특성화된 치료방법들이 개발되었다. 또한 18세기 말부터는 정신과 환자를 위한 치료방법으로 도덕적 치료[moral treatment] 철학이 대두되었다. 이전의 정신질환자들은 악령에 홀렸다고 생각되어 감옥에 갇히거나 쇠사슬에 묶여져서 무시당하고 학대를 받는 등 인격적인 고통을 당하면서 범죄자나 죄인처럼 사회로부터 격리 수용되었다. 도덕적 치료는 정신과환자를 위한 치료방법에서 출발하였는데, 치료의 중심 전제는 인본주의적 철학을 바탕으로 한 '사람'에 근거를 둔 치료로 인간적 연민과 배려를 바탕으로 하여 환자들을 물리적 구속으로부터 해방하고, 일상생활에서 목적 있는 활동에 참여하도록 하며, 사람을 보다 건강하고 만족스러운 기능 상태로 회복시키는 것이었다.

3) 19세기 말 : 수공예운동

산업혁명[1890년대]을 거치면서 과학기술, 의학, 산업의 급속한 발달은 의사소통 도구와 운송수단의 변화를 가져왔으며, 기계의 대량 생산으로 인한 단순하고 반복적인 노동은 사람들을 기계의 부속품에 지나지 않게 여기게 되었다.

한편, 자신의 손을 사용한 예술과 공예활동의 작업치료적 접근으로 인간의 신체적 · 정신적 건강을 획득할 수 있다는 믿음에 기반을 둔 예술과 수공예운동[art and crafts movement]이 일어났다. 산업혁명 이후 산업재해, 자동차 사고 등으로 신체장애인의 수가 급증함과 더불어 소아마비, 결핵 등의 질환 치료는 의학의 빠른 발전을 가져왔으며, 이 시대에 새로운 치료방법이 요구되면서 예술과 수공예가 치료적 중재로 사용되는 전성기를 이루게 되었다.

4) 20세기 초반 : 전문적 작업치료의 시작

1917년 건축가 Barton, 정신과 의사 Dunton, 사회 사업가 Slagle, 건축가 Kindner, 수공예교사 Johnson, 간호사 Tracey 등 다양한 배경을 가진 이들이 참여하여

NSPOT[National Society for the Promotion of Occupational Therapy]의 국제모임이 개최되었다.

이 모임은 '회복 중인 환자를 위해 진보적인 치료적 작업을 연구한다. 작업치료의 발전을 위해 소식을 모으고, 공공의 선을 위해 지식을 사용해야 한다는 규칙하에 독창적인 연구를 장려하고, 작업치료 협회와 타 재활기관의 협력을 증진한다'는 목표하에 정규 활동을 시작하였다.

제1차 세계대전 이후 상이군인의 재활을 돕는 '재건 도우미[reconstruction aids]'의 활동은 신체장애 작업치료의 급격한 발달을 가져왔으나 1930년대의 극심한 경제 불황으로 예산 삭감과 인원 축소, 물품과 장비의 제한이 불가피해졌고, 작업치료실과 학교가 폐쇄되는 위기에 이르게 되었다. 때문에 작업치료사들은 작업치료가 독립된 직으로 유지되기 어려울 것으로 생각하여 의사협회와 연합하게 되었다.

5) 20세기 중반 : 축소환원주의, 재활운동의 시기

제2차 세계대전을 거치면서 재활전문 분야가 시급하게 되었다. 군병원에는 재활의학과가 개설되었고, 작업치료의 가치와 필요성은 강조되었지만 작업치료사는 독립된 주체라기보다는 재활의학과 팀원의 일부가 되어 일상생활 활동, 작업의 단순화, 기능적 수행, 운동치료, 의수족 훈련 등을 담당하였다. 이와 같이 제한된 영역의 치료접근이라는 의미로 '축소주의[환원주의]'라는 말이 나타났는데, 인간을 하나의 인격체로 보는 것이 아니라 생물학적 인간으로 보는 시각으로 인간을 작고 분리된 부분으로 분석하고 그 기능을 이해하려고 하는 과학주의라고 할 수 있다.

1960년대는 환원주의가 강조되면서 작업치료의 바탕으로 여겨졌던 전인적 치료보다는 점진적 저항운동, 일상생활 활동, 의지훈련, 보조기 제작 등의 임상기술이 발전하여 재활운동[rehabilitation movemanet]의 시기라고 불린다.

6) 20세기 후반 : 목적 있는 활동, 인본주의와 과학적 접근의 통합

20세기 후반에는 작업[occupation]을 일상생활의 일과로 적용시켜 능동적으로 참여하도록 하는 '목적 있는 활동'에 대한 구체적 개념화가 이루어졌다.

인간을 통합하고 자기를 조직화하여 전체적인 그림을 완성하는 것은 사람이 하고 있는 작업과 그것이 시행되는 환경이며, 개개인의 필요성과 욕구에 적합한 새로운 패턴으로 그들의 수행과 생활을 재형성해주는 기회를 제공한다.

작업치료는 일상생활에서의 참여를 지원하고 환경적 자원을 제공하여 인간, 환경, 작업이 함께 고려되어 삶의 질을 변화시켜 준다는 점이 강조되고 있다.

2 작업치료의 이론적 배경

1 인간 - 환경 - 작업 이론의 틀

인간은 환경에 도전하고 적응하면서 끊임없이 변화해 왔다. 또한 인간은 전반적인 삶의 환경 안에서 상호작용하며 살아간다. 인간과 인간을 둘러싼 환경은 필연적 관계라 할 수 있다. 작업들은 그 과정에서 생긴 산출물이다. 인간의 작업수행은 인간-환경-작업 간의 역동적이고 교류적인 관계로 인한 산물이며, 세 요소들이 서로 잘 융합될 때 최상의 작업수행이 이루어지고 성공된 삶을 살게 된다.

인간-환경-작업 이론은 장애인을 목적 있는 삶과 사회적 참여활동으로 이끄는 재활분야의 패러다임이다. 한 개인이 장애로 인해서 겪을 수 있는 다양한 환경적 요건, 사회적 요건들을 개선시키기 위한 치료 이론이다. 원예작업치료에 있어서 이 같은 이론을 적용할 때 인간, 작업, 환경의 3가지의 요소를 평가하고, 각각의 요소를 최대화하여, 작업수행이 잘 이루어지도록 치료해야 한다.

작업은 인간에게 의미 있고 목적 있는 과제들의 조합으로 집, 학교, 지역사회 환경에서의 역할이 포함된다. 인간은 운동, 인지, 감각, 지각, 의사소통, 감정적 체계로 구성된다. 이러한 개인적 능력을 조절하게 하고 현재의 과제와 활동을 효율적으로 수행하도록 환경적 조절과 도움이 필요하다.

원예작업의 치료효과를 높이기 위해서는 작업수행을 증진시켜야 하는데 이를 위해 사람, 작업, 환경 세 측면의 변화를 촉진해야 한다. 이는 작업수행 영역이 커질수록 삶의 질이 향상되기 때문이다.

원예작업치료가 단순한 기능 활동에 머물지 않고 전문적 치료수단이 되기 위해서는 환경과 상호작용하며 변화하는 복합구조로서의 '인간'을 평가하고 조절하는 치료접근이 필요하다.

2 인지행동이론의 틀

인지행동이론의 기본 가설은 생각을 바꿈으로써 정서와 행동을 수정하여 문제가 되고 있는 증상을 해결한다는 치료이론이다. 인지행동이론은 인간은 자신의 인지, 감정, 행동에 대한 자기조절과 관리방법을 배우며 균형을 이루게 하기 위해 자기관리를 할 수 있다고 본다. 인지행동기능에 장애가 있으면 낮은 현실감각과 모방기술, 적응에 대한 무능력으로 자기조절이 어렵게 된다. 따라서 치료를 통해 개인의 잘못된 개념과 부정확한 생각을 수정함으로써 자기조절을 하게 되고 행동을 수행하게 된다.

인지행동이론은 개인이 자신의 감정적인 문제를 해결하고 변화의 책임을 받아들여야 한다는 것에 중점을 두고 있다. 정서장애 치료에서는 인지모델이 기초가 된다. 치료는 과제를 수행하면서 부정적인 생각을 바꿈으로써 정서와 행동을 수정하고, 문제가 되고 있는 증상을 완화하고 해결하도록 구성한다.

부정적인 생각은 성공에 대한 기대감과 수행의 효율성을 감소시킨다. 부정적인 생각을 긍정적인 것으로 변화시킬 수 있다면 문제를 해결할 수 있으며, 그에 따라 수행능력은 증가될 것이다.

인지치료는 인지적, 감정적, 행동적 교육을 목표로 하며 다양한 기법을 사용한다. 개별적인 훈련, 모방기술, 완화, 관리, 인지적 과제수행, 일상생활, 직업, 여가에서의 모든 기술 발달을 강조하여 치료한다. 인지치료의 장점은 현실적인 시간 내에서 변화를 촉진시킬 수 있다는 점이고, 단점은 심한 인격장애, 인지장애에는 사용하기에 적합하지 않다는 점이다.

3 환자 중심 이론의 틀

환자에 중점을 둔 두 가지 실행모델로 캐나다의 작업수행 측정[COPM]과 Christiasen과 Baum(1997년)에 의해 만들어진 환자 중심의 작업치료가 있으며, 사람, 환경, 작업 관계에서 환자를 강조한다. 인간을 신체적, 인지적, 장애를 가진 존재로 보는 것이 아니라 전체적으로 바라본다.

작업수행은 인간과 환경 간의 복잡한 유대관계의 결과이기 때문에 환자 자신의 자발적인 현실적 목표와 만족감이 있어야 한다. 인간이 가진 자아정체감, 역할, 과제, 활동 등 인간은 자신의 환경을 관리하고 자신의 작업에 만족할 때 작업을 성공적으로 수행할 수 있다. 사고로 기능장애가 생기면 환경 관리에 방해를 받거나 자신의 작업역할을 상실하게 된다. 작업수행은 치료의 과정에 서비스 수혜자를 존중하고 동반자로 인식하는 철학적 기반에 근거하여 적용하는 기술이다.

원예작업치료에서 환자 중심 이론에 따라 치료를 실행하기 위해서는 환자가 치료사와 함께 문제를 해결하고 자신의 결정에 대한 최종 책임을 갖도록 유도해야 한다. 또한 환자의 일상생활, 동기를 부여하는 것이 무엇인지, 환자가 환경을 관리하는 능력이 있는지 등을 고려하여 다양하게 접근해야 한다. 장애상태와 인지기능이 제한된 환자들도 과제와 치료결정에 참여할 수 있도록 하는 것이 중요하며, 치료사의 공감적 반응이 치료과정의 주동력이 된다.

Rogers(1959)의 '인간 중심의 치료[person-centered therapy]'는 인간에게는 스스로 자신의 길을 발견하고 성장해 나갈 수 있는 잠재능력이 있다는 기본철학을 바탕으로 하고 있다. 치료자의 역할은 환자 자신이 문제해결 능력을 스스로 되찾고 인간적인 성숙에 기여할 수 있도록 도와주는 것이어야 한다는 것이다.

3 작업치료 실행 체계

1 작업 치료 실행체계 미국작업치료사협회, 2013

작업	클라이언트요소	수행기술	수행패턴	배경/환경
일상생활 활동	가치/신념/영성	운동기술	습관	문화적
수단적 일상생활 활동	신체구조	처리기술	일과	개인적
휴식과 수면	신체기능	의사소통기술	역할	물리적
교육			의식	사회적
일				시간적
놀이				가상적
여가				
사회참여				

1) 일상생활 활동 ADL : activities of daily living

목욕·샤워	필요한 용품을 준비하고 사용하기, 비누질, 헹굼, 말림, 목욕자세 유지, 목욕자세로 옮겨가고 옮겨오기
배변·배뇨관리	대장운동과 방광의 수의적 조절, 필요 시 방광조절을 위한 도구나 의약품 이용
옷입기	시간, 날씨, 상황에 적절한 의복과 악세서리를 선택, 옷장에서 옷을 고르고 꺼내기, 순차적으로 옷 입고 벗기
먹기	음식, 음료수를 입안에서 흘리지 않게 유지하고 조작하고 삼키는 것
식사하기	음식을 차리고 배열하는 과정과 음식을 접시나 컵으로부터 입으로 가져가는 과정

기능적 이동	일상적인 활동 수행 중 일어나는 것으로 침상에서의 이동, 휠체어 이동, 바닥으로 옮겨 앉기와 같이 한 자세에서 다른 자세로 또는 한 장소로부터 다른 장소로 움직이는 것
개인용품 관리	보청기, 콘텍트렌즈, 안경, 보조기, 의지, 보조도구, 피임도구, 성인용품과 같은 개인용품을 사용하고 세척/관리하는 것
개인위생 및 몸단장	필요한 용품을 준비하여 사용, 체모 제거하기, 화장하고 지우기, 머리감기, 빗질하기, 스타일링, 손질하기, 손톱/발톱 관리, 청결 관리, 탈취제 사용, 구강청결, 양치질
성생활	성적 만족을 위한 행동
화장실 위생	필요한 용품을 준비하여 사용하기, 의복 관리, 배변 자세 유지, 변기로 옮겨 앉고 일어서기, 위생처리, 생리와 실금에 필요한 관리[카테터, 인공항문형성술, 좌약 관리 포함]

2) 수단적 일상생활 활동

타인 돌보기	[간병인의 선택과 관리감독 포함] 타인을 돌보기 위한 준비, 관리 감독, 보살핌을 제공하는 것
애완동물 돌보기	애완동물을 보살피기 위한 준비, 관리감독, 보살핌을 제공하는 것
자녀 양육	아동의 발달적 욕구를 지지하기 위해 보살핌을 제공하고 관리 감독하는 것
의사소통 관리	필기구, 전화, 녹음기, 컴퓨터, 점자, 청각장애인을 위한 원거리 통신장비, 정보를 주고받기 위한 대체 의사소통시스템, 개인 디지털도구 등의 기기나 시스템을 사용하여 정보를 보내고, 받고, 해석하는 것
지역사회 이동	자가용과 같은 개인 운송수단을 사용하거나 버스, 택시 등의 대중교통수단에 접근하여 공공시설을 이용하며 지역사회를 스스로 이동하는 것
재정관리	정부/공공기관/단체의 재정자금을 이용하고, 장단기 목표에 따라 재원을 사용하고 계획하는 것
건강관리와 유지	휘트니스 : 건강유해행동을 자제하고 규칙적으로 약물을 복용하는 등의 건강과 안녕을 증진시키기 위해 일과를 확립/관리/유지하는 것
집안관리	개인과 가정의 재산과 환경을 획득하고 관리하는 것, 의복과 가정용품과 같은 개인적 재산을 관리하고 수리하는 것, 문제 발생 시 어떻게/누구에게 도움을 요청해야 하는지의 대처 방법을 인지하는 것을 포함
식사준비 및 설거지	균형 잡히고 영양이 풍부한 식단을 계획하고 준비하고 나르는 것, 식사 후 남은 음식을 치우고 식기를 설거지하는 것
종교적 의식	종교 활동, 즉 성스럽고 초월적인 존재에게 귀의하기 위한 신념, 관습, 의례, 상징적 제도에 참여하는 것

안전조치 및 응급대처	예기치 않은 위험상황을 인식하고 건강과 안전을 위협하는 요인을 감소시키기 위한 응급활동을 시작하는 것, 안전한 환경을 유지하기 위해 예방적 과정을 인식하고 수행하는 것
쇼핑	쇼핑 목록[식료품 등]을 준비, 물품을 고르고 구매, 요금을 지불하는 방법을 선택, 결제를 완료하는 것

3) 휴식과 수면

휴식	신체적/정신적 활동이 중단된 조용하고 힘이 들어가 있지 않은 이완상태. 이완이 필요하다는 것을 인식하고 육체적, 정신적 또는 사회적으로 힘든 활동을 줄이며, 이완/휴식을 취하거나 침착하게 에너지를 재충전하여 새로운 것에 몰입하기 위한 또 다른 형태의 노력
수면	수면을 위한 물리적/사회적 환경을 조성하고 잠을 취하며, 이를 유지하고, 수면을 통해 건강과 안전을 확보하는 여러 활동
수면 준비	① 세면과 칫솔질, 잠들기 위해 책을 읽거나 음악을 듣고 타인에게 잠자리 인사를 건내며, 명상 또는 기도를 하는 등 편안한 휴식을 위해 스스로 준비하는 일과를 수행하는 것, 원하는 기상시간/수면시간/유지시간을 결정하고, 성장과 건강을 위해 수면 패턴을 유지하는 것(패턴은 개인적/문화적 측면에 의해 결정되어지기도 함) ② 이불을 깔거나 침상을 정리하는 등 잠들기 위한 물리적 환경을 준비, 냉난방과 안전 조치를 취하고 알람을 맞추며, 커튼이나 창문을 닫거나 문을 잠그는 등의 보안 점검, 조명 또는 전등을 끄는 행위
수면 참여	하던 일을 멈추고 잠자리를 준비하며, 깨지 않고 수면을 유지하고, 필요한 경우 야간에 화장실을 가거나 물을 마시는 행위. 사회적 환경 내에서 타인의 필요 및 요구와 절충하고 자녀 또는 배우자와 잠자리를 함께하며 잠자는 동안 젖을 먹이고 타인의 편안과 안전을 돌보는 등의 상호작용을 수행하는 것

4) 교육

공교육 참여	학문적[수학, 읽기, 학년별 수업 등], 비학문적[쉬는 시간, 구내식당, 복도 등에서 활동] 범주, 정규과정 이외 활동[스포츠, 밴드, 응원단, 댄스 등]
사교육적 욕구·흥미에 대한 탐색	관심 주제를 확인하고 그와 관련된 정보나 기술을 획득하기 위한 방법을 탐색하는 것
사교육 참여	흥미 있는 분야의 교육이나 훈련 프로그램, 활동에 참여하는 것

5) 일

구직에 대한 관심과 촉구	자신의 장점, 제한점, 좋아하는 것과 싫어하는 것을 기초로 취업의 기회를 인지하고 선택하는 것
직업 탐색과 취업	취업 기회를 확인, 취업 서류를 작성하여 접수, 면접 준비, 면접 참여와 추후 상담, 직무 수행에 따른 급여 논의와 최종 협상에 참여하는 것
직무 수행	일과 관련된 습관[출근, 시간엄수, 동료와 상사와의 적절한 관계 형성, 할당된 임무를 완수 직장의 규정] 준수를 포함함
퇴직 준비와 적응	적성을 확인하고, 흥미와 기술을 발전시키고, 적절한 부업 활동을 탐색하는 것
자원봉사활동 탐색	개인적 기술, 흥미, 지역, 시간적 여건을 고려하여 무보수의 일을 위해 지역사회 복지시설, 조직 또는 기회를 확인하는 것
자원봉사활동 참여	선택한 기관, 조직이나 시설의 유익을 위해 무보수로 '일을 수행하는 것'

6) 놀이

놀이 탐색	탐험적, 관습적, 가상적 놀이 및 규칙이 있는 게임, 구성놀이, 상징놀이 등을 포함한 적절한 놀이 활동을 확인하는 것
놀이 참여	놀이에 참여하기, 다른 영역의 작업과 놀이 사이의 균형을 유지하기, 장난감/놀이도구/장비 등을 구입, 사용, 관리하는 것

7) 여가

여가 탐색	흥미, 기술, 기회를 고려하여 적절한 여가 활동을 찾는 것
여가 참여	적절한 여가 활동 계획 및 참여, 다른 영역의 작업과 여가 활동과의 균형 유지, 적절한 장비 및 용품을 구입, 사용, 관리하는 것

8) 사회 참여

지역사회	지역사회[이웃, 기관, 직장, 학교]에서 성공적인 상호작용이 일어나는 것
가족	가족으로서 바라고 요구하는 역할수행을 통해 성공적인 상호작용이 일어나는 것
동료, 친구	다양한 친밀도로 행해지는 할동, 성적 활동도 포함함.

2 클라이언트 요소

1) 가치·신념과 정신성

개인	**가치**	가치관 : 클라이언트가 보람 있다고 여기는 원칙, 규범
		신념 : 진리를 받아들이는 인지적 취지
		정신성 : 초월적인 존재와의 관계, 의미, 삶의 궁극적인 문제에 대한 해답을 추구하는 것
	신체 기능	신체 계통의 생리학적 기능
	신체 구조	신체 기관, 팔다리, 요소들의 해부학적 부분
기관	**가치, 신념, 정신성**	비전, 윤리적 규약, 가치, 서약, 단결심
	기능	임무[사명]를 계획 · 조직화 · 조정 · 실행하는 것, 생산품 또는 서비스, 생산성
	구조	부서, 부서간의 관계, 지휘권과 관리, 성과 측정, 직무 직책
주민	**가치, 신념, 정신성**	정서적, 목표 합치적, 전통적 관점
	기능	경제적, 정치적, 사회적, 문화적 중심
	구조	비슷한 유전자, 성적 지향, 건강상태 등의 요인

2) 신체기능

정신적 기능 (정서, 인지, 지각)	**전반적인 정신기능**	의식	각성수준, 의식수준
		지남력	사람[자신, 타인], 장소, 시간에 대한 지남력
		수면	수면의 양과 질
		기질 및 성격	양심, 정서적 안정성, 경험에 대한 열린 마음
		에너지와 욕구	동기, 충동 조절, 흥미, 가치
	특수 정신기능	집중력	지속적 집중력, 배분적 집중력
		기억력	역행기억, 순행기억[선행기억]
		지각 기능	시공간 지각, 감각자극에 대한 지각
		사고력	재인, 분류능력, 일반화, 현실에 대한 인식, 논리적 사고, 적절한 사고내용
		고차원적 인지기능	판단력 개념형성, 시간관리, 문제해결능력, 의사결정능력

정신적 기능 (정서, 인지, 지각)	**특수 정신기능**	언어의 정신적 기능	언어이해능력, 말, 글 또는 몸짓으로 자신을 표현하는 능력
	특수한 정신기능	계산능력	덧셈, 뺄셈
		복잡한 움직임 순서에 대한 정신 기능	운동 계획
		심리운동 기능	심리적 사건에 대한 운동반응의 범위와 조절 능력
		감정	감정조절, 자기 통제의 적절한 범위
		자신과 시대적 인식과 관련된 경험	신체상, 자아개념, 자존감
감각기능과 통증	**시각 및 관련기능**	시각	시력, 시야 범위
	청각과 전정감각기능	청각	소리에 대한 반응
		전정감각	균형
	기타 감각기능	미각	맛을 구별하는 능력
		후각	냄새를 구별하는 능력
		고유수용성감각	관절의 자세 감각
		촉각	접촉에 대한 민감도, 구별능력
		온도	온도에 대한 민감도, 온도와 압박에 대한 구별능력
	통증	통증	둔한 통증, 찌르는 듯한 통증
신경근골격와 움직임 관련 기능	**관절 및 뼈의 기능**	관절의 운동성 – 수동적 관절 가동범위	
		관절의 안정성 – 자세정렬 관절의 생리적 안정성	
		뼈의 운동성 – 오십견, 손목뼈의 움직임	
	근육기능	근육의 힘 – 근력	
		근긴장도 – 근육의 긴장 정도	
		근지구력 – 지구력	
	움직임 기능	운동반사 – 뻗침반사, 비대칭성 긴장성 경반사	
		불수의적 움직임 반응 – 정위 반응, 지지반응	
		수의적 움직임 조절 – 눈·손 협응, 양측 협응, 눈·발 협응	
		불수의적 움직임 – 떨림, 틱, 운동보속증	
		보행패턴 – 보행패턴 및 손상, 비대칭성 보행, 질질끄는 보행 일상생활 및 작업참여에 끼치는 영향과 관련하여 평가	

심혈관계, 조혈계, 면역계, 호흡계 기능	**심혈관계**	혈압[고혈압, 저혈압, 기립성 저혈압]
	호흡계	비율, 리듬, 깊이
	조혈계 및 면역계	
	심혈관계, 호흡계의 부가기능 및 감각	운동내구력 – 신체 지구력, 유산소용적, 체력, 피로현상
음성과 언어기능	**음성과 언어**	목소리기능, 유창성과 리듬, 대체음성기능
소화계, 대사계, 내분비계 기능		소화계 기능, 대사 및 내분비 기능
요생식기계와 생식기계 기능		비뇨기능, 성기 및 생식기능
피부와 그와 관련된 구조기능	**피부기능**	피부의 보호기능[상처, 베인 상처, 찰과상], 회복기능[상처치유]
	체모 및 손톱	

3) 신체 구조

신경계구조	치료사는 클라이언트의 사회참여를 지지하기 위해 신체구조에 대한 지식을 가지고 있어야 하며 작업의 참여와 이러한 신체 구조 간의 상호작용을 폭넓게 이해해야 함
눈,귀 및 관련 구조	
음성과 언어 구조	
심혈관계, 면역계, 호흡계 구조	
소화와 관련된 구조	
비뇨기계와 생식계 구조	
움직임과 관련된 구조	
피부와 그와 관련된 구조	

3 활동 요건

활동 수행 시 필요한 물체, 물체의 특성, 공간, 사회적 요건, 순서와 타이밍, 요구되는 행동과 기술, 활동을 수행하기 위해 필요한 신체 기능 및 신체 구조 등을 포함한 활동의 다양한 측면을 의미한다.

사물 및 사물의 특성	활동을 수행하는 과정에서 사용되는 도구 · 재료 · 장비
공간적 요건	활동을 하는 데 필요한 물리적 환경에 대한 요건 공간크기 · 위치 · 표면 · 조명 · 온도 · 소음 · 습도 · 환기 등
사회적 요건	활동에 필요한 사회적 구조와 요건
순서 및 타이밍	활동을 수행하는 데 필요한 과정 단계 · 순서 · 시간적 요건 등
필요한 행동	활동 수행을 위해 수행자에게 요구되어지는 유용한 기술, 감각, 지각, 운동, 실행, 감정, 인지, 의사소통, 그리고 사회적 수행기술이 요구됨. 활동에 요구되는 수행기술은 활동의 다른 측면(물체, 공간)의 요건과 관련이 있음
필요한 신체기능	과제수행을 위해 필요한 활동을 보조하는 신체 생리적, 정신적 기능
필요한 신체구조	활동 수행에 필요한 신체 기관, 사지 및 사지의 신체 해부학적 측면

4 수행기술

수행하는 행동으로 표현되는 클라이언트의 능력이다.

운동과 실행기술	운동기술 : 과제, 물건, 환경과의 물리적 상호작용을 위한 행동 실행기술 : 숙련된 목표지향적 움직임으로 개별적 움직임이라기보다는 목표 달성을 위해 순서적 운동을 수행하는 능력
감각–지각기술	다양한 감각을 통한 경험을 기초로 감각요인들을 선택, 해석, 기억, 체계화하는 행동
감정조절기술	활동 또는 타인과의 상호작용에 참여하는 동안 감정을 적절히 표현하고 알아차리며 관리하는 행동
인지기술	활동수행을 계획하고 처리하는 행동
의사소통 및 상호작용기술	타인과 상호작용하며 의사소통하는 행동

5 수행패턴

습관 또는 일상적인 활동과 관련된 행동 패턴이다.

개인	습관	일상적인 기능을 수행할 수 있도록 통합적으로 패턴화된 자동적 행동. 습관은 작업 영역 내 수행을 지지 또는 방해하며 유용한 습관, 우세한 습관 또는 불완전한 습관이 되어질 수 있음. 예) 나도 모르게 항상 같은 장소에 자동차 열쇠를 둠.
	일과	일상적인 삶의 구조를 형성하는 관찰가능하며 규칙적이고 반복적인 행동 패턴임. 일과는 만족되어지고 증진되어질 수 있으며 무너질 수도 있음. 일과는 순간순간의 책무를 요구하며 문화적 · 생태적 문맥 안에서 이루어짐. 예) 아침에 일어나면 화장실에 가고, 목욕을 하며, 화장을 한 후 옷을 입음.
	의식	클라이언트의 정체성에 기여하며 가치와 신념을 강화시키는 정신적, 문화적, 또는 사회적 수단으로써의 상징적 행동. 의식은 강한 정서적 요인을 지니고 있으며 일련의 행사들로 묘사됨. 예) 대대로 물려오는 빗을 사용하고 어머니께서 하셨던 것처럼 밤에 그 빗으로 100번 빗질을 함.
	역할	사회에서 기대되어지는 일련의 행동으로 문화에 의해 형성되어지며 더 나아가 클라이언트에 의해 개념화되어지고 규정지어지기도 함. 예) 컴퓨터공학을 전공하는 학습장애 학생
기관	일과	관찰가능하며, 규칙적이고 반복적인 행동 패턴으로 일상적인 삶을 위한 틀을 형성함. 일과는 매순간 책무를 요구하며 문화적, 생태학적 문맥 내에서 이루어짐. 예) 결재라인을 따름. 정규 회의를 실시함.
	의식	조직의 정체성을 확립하고 가치와 신념을 강화하는 상징적 행동 예) 야유회, 회의
	역할	사회, 문화에 의해 기대되어지는 기관의 행위들을 의미하며 더 나아가 클라이언트에 의해 개념화되어지고 규정지어지기도 함 예) 구호단체에서 난민을 위한 옷과 음식을 기부하는 데 앞장섬.

6 배경과 환경

문화적 배경	사회의 구성원으로서의 관습 · 신념 · 활동패턴 · 행동규범 · 기대 · 개인의 권리를 확고히 하는 법률 같은 정치적 측면뿐 아니라 교육 · 고용 · 경제적 지원과 같은 기회도 이에 포함됨.
개인적 배경	건강과 관계없는 개인적 배경으로 나이 · 성별 · 사회경제적 상태 · 교육 수준을 의미함.
시간적 배경	시간적 흐름 안에서의 작업 수행의 특정 위치. 작업에 참여함으로써 형성되어진 시간의 경험임. '일상적인 작업 패턴에 이바지하는' 작업의 시간적 측면은 '그 주기, 속도, 기간 그리고 순서'를 의미함. 삶의 단계, 하루 시간대, 한 해의 시간, 기간을 포괄함.
가상적 배경	신체적 접촉 없이 컴퓨터나 공중파를 이용하여 의사소통이 일어나는 환경 가상현실 환경, 채팅방, 라디오 중계
물리적 배경	자연환경은 지리적 지형, 환경의 감각적 성질, 식물과 동물을 포괄함. 인공적 환경과 사물은 빌딩, 가구, 도구 또는 장비를 포괄함.
사회적 배경	개인, 기관, 주민의 차명, 서로간의 관계, 그리고 기대에 의해 형성되어짐. 배우자 · 친구 · 보호자와 같은 중요한 사람의 기대와 유효성 개인, 집단 또는 기관간의 관계 규범, 역할기대, 사회적 기틀을 확립하는 데 영향을 주는(정치, 법률, 경제, 제도적) 시스템 간의 관계

4 작업치료 과정

1 작업 치료 과정

1) 평가

① 작업 프로필

- 클라이언트는 누구인가?
- 서비스를 받고자 하는 이유는 무엇인가?
- 성공적으로 수행하는 작업과 활동은 무엇이며, 문제를 유발하는 작업과 활동은 무엇인가?
- 희망하는 결과를 지지 및 방해하는 환경은 무엇인가?
- 작업 과거력(삶의 경험, 가치, 흥미, 생활 패턴 등)은 무엇인가?
- 클라이언트의 우선 순위와 최종 목표는 무엇인가?

② 작업수행 분석

- 작업 프로필의 정보를 종합
- 원하는 작업/활동의 수행을 관찰
- 수행기술과 수행패턴에 영향을 주는 요인(배경과 환경, 활동요건, 클라이언트 요소)을 밝히기 위해 평가도구를 선택하고 수행기술과 패턴의 효율성을 기록
- 수행의 촉진제와 방해물을 찾기 위해 평가결과를 해석
- 작업 수행의 강점과 약점에 대한 가설을 수립하고 재정리
- 목표 결과물에 대한 치료 목표를 수립하기 위해 클라이언트와 협력
- 최상의 치료와 근거에 기반을 둔 중재 영역을 기술

2) 중재

① 중재 계획

- 기간이 명시된 측정 가능한 목적과 목표, 이론과 근거에 기반을 둔 작업치료 중재 접근, 서비스 전달을 위한 과정 계획
- 퇴원 요구와 계획을 고려
- 결과 측정방법 선택
- 다른 요구나 의뢰사항에 대한 고려

② 중재 실행

- 실시하고 적용할 중재 형태를 결정
- 지속적인 평가와 재평가를 통해 클라이언트의 반응을 관찰

③ 중재 재검토

- 목표를 성취하기 위하여 계획을 재평가
- 필요에 따라 계획 수정
- 치료의 종결, 지속, 다른 기관[분야]으로의 의뢰에 대한 필요성 결정

3) 결과

① 작업 이행을 통해 건강과 사회 참여 지지

- 작업을 통해 건강과 사회참여를 지원하는 것을 결과물의 초점으로 삼음
- 결과 측정 방법 선택
- 결과 측정 결과 사용

* 중재 계획과 목표 결과물을 지속적으로 재조정

* 평가, 중재, 결과의 지속적인 상호작용이 일어남

2 작업 치료 중재 형태

1) 치료사 자신을 치료적 도구로 사용

치료사는 치료과정에서 자신의 개성, 통찰력, 감성, 지각과 판단력을 계획적으로 사용한다.

2) 작업과 활동의 치료적 사용

클라이언트를 위해 선택된 작업과 활동은 치료적 목표, 배경과 환경, 활동요건, 클라이언트 요소를 고려한다. 보조 공학 기술 사용, 유니버설 디자인 적용, 환경수정은 클라이언트가 작업에 참여하는 능력을 지지한다. 중재형태는 작업 – 기반중재, 목적 있는 활동, 준비방법이 있다.

3) 상담과정

클라이언트와 협력하기 위해 치료사의 지식과 전문성을 사용하는 중재의 한 형태이다. 협력과정은 문제 확인하기, 가능한 문제해결 방법 찾기, 문제해결 시도하기, 수정하기를 협력하여 진행시킨다. 치료사에게 중재의 결과에 대한 직접적인 책임이 있지는 않다.

4) 교육과정

작업, 건강, 사회적 참여에 관한 지식과 정보를 알리는 중재의 한 형태이며 이것은 작업 활동을 실질적으로 수행하는 것은 아니다.

5) 지원

치료의 정당성을 촉진하기 위한 노력과 작업에 완전하게 참여할 수 있도록 자원을 찾아주는 것을 말한다.

3 작업치료 중재 접근

1) 창조, 증진 건강증진

수행을 방해하는 요소가 있거나, 장애가 있다는 가정을 하지 않는 중재 접근법으로 자연스런 삶의 환경에서 모든 사람의 수행을 강화시킬 수 있는 풍부한 환경 및 활동 경험을 제공하도록 한다.

2) 확립, 회복 교정, 회복

아직 발달하지 않은 기술이나 능력을 확립시키기 위해 또는 손상된 기술이나 능력을 회복시키기 위해 클라이언트의 변수를 바꾸도록 고안된 중재 접근이다.

3) 유지

다시 얻은 클라이언트의 수행 능력을 보존하고 지속적인 작업 요구의 충족을 유지하기 위해 지지를 제공하도록 고안된 중재 접근법으로 지속적인 유지 중재가 없다면 수행은 감소할 것이며, 작업적 요구의 충족이 되지 않아 건강 및 삶의 질에 영향을 줄 것이라고 가정한다.

4) 변형 보상, 적응

자연스러운 환경에서 수행을 돕기 위해 현재 환경이나 활동 요건을 수정하도록 하는 중재 접근으로 단서를 제공하는 특징들을 강화시키거나, 산만함을 감소시키도록 다른 특징들을 감소시키는 등의 보상기술들도 포함된다.

5) 예방 장애 예방

작업 수행 시 문제 발생의 위험이 있는 클라이언트를 대상으로 고안된 중재로 작업을 수행하는 환경에서 장애가 발생하는 것을 예방하도록 고안된 것이다. 중재는 클라이언트, 환경, 활동 요건들을 관리하는 것일 수 있다.

4 결과의 유형

1) 작업 수행

클라이언트, 배경, 그리고 활동 간의 역동적인 교류를 통해 선정된 활동 또는 작업을 행하고 성취하는 행위[향상, 강화]이다.

2) 적응

작업적 도전에 당면했을 때 접근 방식에 변화를 일으키는 것으로 자신에게 습관화된 접근방식으로 도전을 극복하기 어렵다는 것을 깨달았을 때 사용한다.

3) 건강 및 안녕

건강은 삶의 목표가 아니라 일상적인 삶을 위한 자원이다. 개인적 측면에서는 사회적, 개인적 자원과 신체적 역량을 강조하는 개념일 뿐만 아니라 신체적, 정신적, 사회적으로 안녕한 상태로 질병이나 허약함이 없는 상태만을 의미하는 것은 아니며 조직과 인구의 건강은 개인적 요소들뿐만 아니라 사회 전체 구성원으로서의 사회적 책임을 포함한다. 안녕은 개인이 건강을 올바르게 인식하고 즐기는 것을 포함한 좋은 건강 상태, 질병의 증상이 없는 것 이상을 의미하며, 신체적, 정신적으로 균형을 이룬 적합한 상태이다.

4) 참여

개인적으로 만족하고 문화적 기대치에 부합하는 등 하고 싶은 작업에 참여하도록 한다.

5) 예방

건강증진은 건강의 결정 요소인 평화, 휴식, 구호, 교육, 음식, 수업, 안정된 생태체계, 지속가능한 자원, 사회적 당위성, 평등 등의 이해를 통해 개인적, 구조적, 사회적, 환경적 수준에서 건강에 필요한 조건들을 만들어 낸다.

6) 삶의 질

삶의 만족[자신의 목표를 향한 과정의 지각], 자아 개념[자신에 대한 신념 및 느낌의 복합체], 건강 및 기능[건강상태, 자조활동 능력, 역할 능력]과 사회 경제적 요소[직업, 교육, 수입 등]에 대한 역동적인 평가로 개인, 그룹, 조직, 지역사회, 정치, 정부, 정책적인 수준에서 건강한 삶의 양식을 증진시킨다.

7) 역할 역량

클라이언트가 참여하는 역할의 요구에 효율적으로 직면할 수 있는 능력이다.

8) 자기 지원

자신 또는 타인[개인, 조직, 인구집단]을 능동적으로 지원하거나 옹호하는 것으로 강점과 욕구 이해하기, 목표 확인, 법률적인 권리와 의무감에 대한 지식, 타인과 소통하기 등이 있다.

5 작업치료 용어

그림 5-1 | 작업치료의 수행영역과 수행요소

1 수행 영역

1) 일상생활 동작

자기 관리 및 유지를 위한 기본적 활동

몸단장하기	도구 관리 : 체모 제거(면도기, 족집게, 로션 이용), 화장품을 바르고 지움, 머리를 감고, 말리고, 스타일링, 머리빗기, 손톱과 발톱, 피부, 귀, 눈을 관리 및 보호함, 탈취제 사용
구강위생	구강용품 관리, 구강청결, 칫솔질 및 치실 사용, 의치, 교정기 제거
목욕과 샤워하기	목욕용품 관리, 비누칠, 헹굼, 말림, 목욕 시 자세유지, 욕실 이동
대소변 위생	옷입고 벗기, 용변 시 자세유지, 닦기, 생리 위생관리, 도뇨관 사용관리
개인 보조도구 관리	보청기, 콘텍트렌즈, 안경, 보조기, 의수족, 피임용구 등 관리
옷 입고 벗기	시간, 장소, 날씨에 적절한 옷차림 선택 옷 입고 벗기, 단추나 지퍼 등 옷 또는 신발 보조도구 사용, 보조기 및 의수족 장착 및 관리하기
먹이기와 먹기	음식 세팅, 적절한 도구를 선택하고 사용하기, 음식물이나 마실 것을 입으로 가져가기, 입이나 손 닦기, 빨고, 씹고, 삼키기
약 복용하기	적당량의 약을 적절한 시간에 먹는 것, 처방 스케쥴 지키기, 약상자 열고 닫기, 부작용에 대해 알고 보고하기
건강관리 및 유지	질환 예방을 위한 활동과 건강 장려를 위한 활동, 휘트니스 활동, 영양공급, 건강 위험 행동 감소하기, 금연
사회화	적절한 상황과 적절한 문화적 방법으로 다른 사람들과 만나서 상호작용하고 대인관계 기회 얻기
기능적 의사소통	정보를 주고 받기 위해 어떤 시스템이나 장비를 사용하는 것, 쓰기 도구, 전화, 컴퓨터, 의사소통 보드, 응급 시 연락, 청각 장애인을 위한 음성 소통 도구
기능적 동작성	한 장소에서 다른 장소로 움직이는 것, 침대 안에서의 이동, 휠체어, 차, 침대, 화장실에서 이동
지역사회에서의 동작성	공공 이동수단 및 개인 이동수단 사용, 자가용, 버스, 택시 등 사용
응급상황에 반응	예기치 않았던 응급상황 인식, 안정과 건강에 위협을 주는 상황을 감소시키기 위해 행동하는것
성적 표현	자신이 원하는 성적 또는 친밀감 표현하기

2) 일과 생산적 활동

자신의 발전, 사회적 기여, 삶을 위한 목적 있는 활동들

가정관리	의복관리	의복 관리, 세탁[손세탁, 세탁기, 드라이클리닝], 수선, 다림질, 의복 분류, 의복 개기
	청소	진공청소기 사용, 걸레로 닦기, 문지르기, 창문 닦기,거울 청소, 침대 정리, 먼지 털기, 재활용품 관리, 쓰레기 처리 등
	음식 준비와 설거지	식단 짜기, 음식 준비, 부엌 용품 사용, 음식 씻고 저장하기
	쇼핑	쇼핑할 리스트 작성, 지불방법 결정, 돈 주고 거스름돈 받기
	돈관리	예산세우기, 저금, 세금관리
	가사 관리 및 유지	집, 정원 등 유지
	안전 절차	안전한 환경 유지와 상해 예방을 위한 응급조치 잘 알고 수행하기
다른 사람 돌보기		아동, 부모, 애완동물 등 돌보기, 신체적 돌봄, 영양공급, 서로 간의 대화, 연령에 적절한 활동 사용하기
교육과 관련된 활동		지역 사회와 학교를 통한 학습에 참여하는 것, 흥미있는 교육 관련 정보 탐색하기, 지시에 집중하기, 그룹 경험에 참여하기
직업과 관련된 활동	직업 탐색	적성 및 소질 결정, 흥미와 기술 발전, 적절한 직업 취양 선택
	구직	일을 할 기회를 선택하기, 인터뷰 과정
	일 또는 직업 수행	시기 적절하고 효과적인 방식으로 직무과제를 수행하며 적절한 작업 행동하기
	퇴직계획	퇴직 후 할 일 계획
	자원봉사 참여	자원봉사 활동 참여 및 활동 수행

3) 놀이와 여가 활동

즐거움, 오락, 재미, 이완, 자기표현을 위한 내적 동기가 기본이 되는 활동

놀이 또는 여가 탐색	흥미와 기술, 기회, 적절한 놀이 및 레저 활동 찾기
놀이 또는 여가 수행	놀이 및 레저 활동 계획과 참여, 일과 일상생활 동작, 놀이 및 레저 간의 균형 유지하기, 놀이와 레저에 관련된 장비 사용 및 관리

2 수행 요소

1) 감각운동 요소 sensorimotor components

작업수행 요소		세부 내용
감각처리 과정	촉각	압력, 온도, 진동
	고유수용감각	신체의 한 부분과 다른 부분과의 자세에 대한 정보를 제공해주는 근육, 관절 등의 자극
	전정감각	내이수용기로부터의 자극
	시각	색, 형태의 인식 등 눈을 통한 자극
	청각	소리를 해석, 위치를 파악하고 배경소리 구분
	미각	혀를 통한 자극
	후각	코를 통한 자극
지각처리 과정	입체지각	고유수용성 감각, 인지, 촉각을 통한 물체 확인
	운동성	관절 움직임의 방향과 진폭을 확인
	통증반응	몸의 형태 인식
	신체도식	신체 부위들 간의 관계에 대한 인식 습득
	오른쪽 – 왼쪽 구별	한쪽과 다른쪽의 구별
	형체항상성	환경, 위치, 크기가 변화해도 같은 것으로 인식
	공간에서 위치	모양과 형태에 대한 공간적 관계 인식
	시각완성(연결)	불완전하게 제시된 물체 또는 형태를 인식
	전경배경	형상과 배경이 되는 물체를 구분
	깊이지각	물체, 모형의 표면과 관찰자 사이의 거리를 인식
	공간관계	물체 상호 간의 위치 인식
	지형적 (지리적) 지남력	물체와 장소와 그 장소가치의 환경과 경로 인식
감각신경 근육골격	반사	감각자극에 대한 불수의적인 반응
	관절가동범위	각 관절의 운동 범위
	근긴장	휴식 시와 신장 시 근육의 긴장도와 저항도
	근력	움직임에 저항을 주었을때 힘의 강도
	지구력	심장, 호흡, 근골격계가 일정시간 이상 지속할 수 있는 것
	자세조절	기능적 움직임 동안 정위 평형반응을 사용
	자세배열	신체 부위 사이의 생체역학적 통합을 유지
	연부조직 유지	내장조직과 피부의 해부학적, 생리학적 상태 유지

작업수행 요소		세부 내용
운동	대근육 협응	목적있는 움직임을 위해 큰 근육집단 사용
	정중선 교차	몸의 정중선을 가로지르는 사지와 눈의 움직임
	편측성(외측성)	고차원적 활동 시 선호하는 편측을 사용
	양쪽 통합(협응)	활동 시 신체의 양측을 조화롭게 사용
	운동조절	기능적이고 다양한 움직임 패턴으로 신체 사용
	운동실행	환경적인 요구에 반응하여 새로운 동작계획
	소동작 협응/기민성	물체 조작을 위해 작은 근육군을 사용
	시각-운동 통합	눈에서의 정보와 신체 움직임을 통합하여 조절
	구강운동 조절	구강인두 근육조직을 조절

2) 인지적 통합과 인지 요소

작업수행 요소		세부 내용
인지통합과 인지	각성수준	환경적 자극에 대한 각성과 반응도
	지남력	사람, 장소, 시간, 상황에 대한 인지
	인식	친숙한 얼굴, 물체 등을 인지
	주의집중 기간	과제에 집중하는 시간
	활동의 개시	신체적 또는 정신적 활동을 시작
	활동의 종료	적절한 시간에 활동을 종결
	기억	짧은 시간 또는 긴 시간 뒤의 정보를 상기함
	순서화	정보, 개념, 행동을 순서적으로 배열
	구분(분류화)	환경정보의 유사성과 차이점을 인식
	개념 형성	생각과 아이디어의 형태화를 위해 정보 조직화
	공간적 조작	물체의 위치를 가상으로 생각하고 조작
	문제 해결	문제를 인식, 정의하고 대안적 계획을 실행
	학습	개로운 개념과 행동을 획득
	일반화	학습된 개념과 행동을 새로운 상황에 적용

3) 심리사회적 기술과 심리적 요소

작업수행 요소		세부 내용
심리적 요소	가치	자신과 타인에게 중요한 생각이나 신념을 확인
	흥미	기쁨을 주고 관심을 유지시키는 활동을 확인
	자아개념	신체적, 정서적, 성적 가치를 개발
사회적 요소	역할수행	자신의 역할에 맞는 행동을 수행
	사회적 행동	예절, 자기표현 등을 사용하여 환경과 상호작용
	대인관계 기술	의사소통 기술을 사용하여 상호작용
	자기표현	생각, 느낌, 욕구를 표현하기 위한 기술을 이용
자기관리	대응기술	스트레스와 관련된 요소를 인식하고 관리
	시간관리	만족과 건강증진을 위해 균형적 계획과 참여
	자기조절	환경적 필요, 요구, 강요, 개인적 소망, 타인으로부터의 피드백에 반응하여 행동을 변화

3 수행 배경

수행 배경		세부내용
시간적 측면	연대기적 연령	개인적 연령
	발달적 연령	성숙의 단계
	생의 주기	직업주기, 육아 및 양육주기, 교유적 과정과 같은 생의 단계적 위치
	장애 상태	상해의 급성, 장애의 만성, 질환의 말기와 같은 장애의 연속선상의 위치
환경	물리적	배경에서의 비인간적 측면, 자연적 지형, 식물, 동물, 건물, 가구, 도구 장비들과 이를 사용하기 위한 접근성
	사회적	배우자, 친구, 보호자와 같은 의미 있는 사람의 기대와 유효성, 또한 사회적 일상, 역할 기대, 규준 정립에 영향을 미치는 큰 사회 조직체도 포함
	문화적	관습, 신념, 생활방식, 행동 기준, 한 개인이 속해 있는 사회의 기대, 법과 같은 정치적 측면과 교육과 고용이 기회, 경제적 지지도 포함

VI

사회복지의 이해

1. 원예치료와 사회복지에 대한 이해
2. 개인, 집단대상 사회복지실천의 특성과 실천기술
3. 아동 및 청소년복지
4. 노인복지
5. 장애인복지
6. 다문화복지

원예복지 활동은 주로 지역공동체 내 사람들이 함께 모여 활동의 목적이나 목표를 공유하며 수행하는 원예활동을 일컫는다. 이는 여러 사람이 함께 식물에 관련된 다양한 활동을 함으로써 같이 즐기려고 하는 활동이라 할 수 있다. 원예복지 활동은 농사, 원예 분야 외에 환경보전, 지역마을 조성, 지역공동체 재생, 정조교육, 생애학습, 장애자 및 고령자 복지, 건강, 의료 등 폭넓은 분야로 영역을 확대하여 시행할 수 있는데, 건조한 현대인들에게 삶의 보람을 느끼게 할 뿐 아니라 스트레스를 비롯한 개인 혹은 사회의 여러 문제해결에도 큰 역할을 할 수 있을 것으로 기대된다. 원예치료와 사회복지는 나와 나의 생각처럼 함께 가야 하는 것이다.

1 원예치료와 사회복지에 대한 이해

1 인간의 이해

인간의 이해는 사회복지의 개념과 같은 전반적인 이해를 통해 가치와 윤리를 설명할 수 있다.

① 인간 이해에 대한 다양한 시각들은 철학, 종교, 고고학, 심리학, 사회학 등의 분야를 중심으로 먼저 살펴본 후 '환경 속의 인간PIE : Person in Environment'으로 사회복지를 볼 수 있다.

② 사회위험은 사회가 공동체적 차원에서 공동으로 대처하기로 한 명시적 혹은 묵시적으로 승인한 위험을 말한다.

③ 사회문제는 공공문제의 의미를 가지며, 일반적으로 개인문제와 다른 사회성과 보편성의 성격을 갖는다. 또한 사회문제의 발생에는 그 전제로서 개인문제의 발생이 선행되며, 개인문제는 욕구의 불충족으로 야기된다.

④ 사회복지에서 중요하게 고려되는 욕구는 인간욕구, 기본욕구, 사회욕구로 나누어 볼 수 있다.

⑤ 사회복지가 오늘날 현대에서 갖는 의의는

- 첫째, 양극화 문제의 해소
- 둘째, 경제 성장에 기여
- 셋째, 복지권의 확립 등을 들 수 있다.

2 사회복지의 개념

어의적으로 인간의 가장 이상적인 행복하고 만족한 생활 상태를 의미하며, 인간의 복지를 실현하기 위한 사회적인 노력은 물론 사회복지적인 모든 방법론의 필요성까지 아우르는 개념을 말한다.

---

① 사회복지에 대한 이념적 정의에는 인간의 생활을 가장 이상적인 행복한 상태로 유지시키려는 인간 중심의 가치가 전제되어 있다. 즉, 인간이라면 누구나 다 같이 동등하게 인간으로서의 삶의 행복을 누릴 수 있는 권리가 있다는 가치를 내포하고 있다.

② 사회복지의 개념은 크게 두 가지로 나뉘는데 넓은 의미의 개념 즉, 정책적 측면의 사회복지와 좁은 의미의 개념 즉, 사회복지실천 영역이 있으며, 각각의 영역은 상호 연관성이 존재한다.

③ 사회복지 개념의 다양한 측면은 다원성 혹은 다양성의 근거에 내재해 있는 이념적, 철학적 차이를 이해하기 위하여 사회복지의 주요 개념을 잔여주의 · 제도주의, 선별주의 대 보편주의로 구분할 수 있다.

④ 사회복지라는 용어는 사회서비스, 사회보장, 사회복지 서비스, 사회사업 그리고 자선사업 등의 유사개념으로 사용된다.

⑤ 사회복지 개념의 다양한 측면과 관련 개념들과의 관계 검토에도 불구하고 사회복지 개념의 준거는 모호하다고 볼 수 있다. 즉, 구체적으로 어떤 활동이나 제도가 사회복지인가 하는 문제에 대한 답을 찾기 위해 학자들이 제시한 사회복지 개념의 기준이 있지만 이 또한 사회복지에 대한 명확한 개념을 정리하기에는 부족하다. 그래서 사회복지를 응용학문이라 한다.

---

3 용어정리

1) 엘리자베스구빈법

엘리자베스구빈법[1601년]은 영국의 구빈법으로 구빈을 국가의 책임으로 공식화 및 체계화하였고, 사회질서 유지와 빈민 통제적인 기능을 유지하여 노동 능력의 유무를 기준으로 보호대상자를 구분하였다.

2) 프로이드의 심리성적 이론에서 성격의 세 구조

원초아[id], 자아[ego], 초자아[superego]가 있다.

3) 방어기제

스트레스 및 불안의 위협에서 자신을 보호하기 위해 실제적인 욕망을 무의식적으로 속이면서 대체하는 양식이다.

① 부정 : 의식화되면 도저히 감당하지 못할 어떤 생각, 욕구, 현실적인 존재를 무의식적으로 거부하는 것

② 투사 : 용납할 수 없는 자기 자신 내부의 문제나 결점을 자기 외부에 있는 것으로 생각하는 기제

③ 대치 : '남편에게 심한 꾸중을 듣고 화가 난 아내는 당사자인 남편에게 화를 내지 못하고 자식에게 심한 화풀이를 했다.' 이때 화난 아내의 방어기제

④ 합리화 : '저기 높은 선반 위에 포도가 있는 바구니가 있는데 손이 닿지 않아서가 아니라 먹기 싫어서 안 먹는다.'는 방어기제

4) 사회보장의 개념

① '사회보장'이란 질병, 장애, 노령, 실업, 사망 등의 사회적 위험으로부터 모든 국민을 보호하고 빈곤을 해소하며 국민 생활의 질을 향상시키기 위하여 제공되는 사회보험, 공공부조, 사회복지서비스 및 관련 복지제도를 말한다.

② '사회보험'이란 국민에게 발생하는 사회적 위험을 보험의 방식으로 대처함으로써 국민의 건강과 소득을 보장하는 제도를 말한다.

③ '공공부조公共扶助'란 국가와 지방자치단체의 책임하에 생활유지 능력이 없거나 생활이 어려운 국민의 최저생활을 보장하고 자립을 지원하는 제도를 말한다.

④ '사회복지서비스'란 국가 · 지방자치단체 및 민간부문의 도움이 필요한 모든 국민에게 상담, 재활, 직업의 소개 및 지도, 사회복지시설의 이용 등을 제공하여 정상적인 사회생활이 가능하도록 지원하는 제도를 말한다.

4 원예치료와 사회복지의 특성

① 원예치료의 특성으로는 첫째, 생명이 있는 식물을 취급하여 생장과정을 관찰할 수 있고, 둘째, 다른 치료법과 비슷한 심신 기능 증진의 치료적 효과를 볼 수 있으며, 셋째, 환자 자신에게 부담을 최소화하면서 부담을 적게 줄 수 있고, 넷째, 식물의 종류가 다양하며 광범위하고, 이용자의 조건이 다르기 때문에 여러 가지 방법으로 실행할 수 있으며, 다섯째, 5감시각, 청각, 미각, 촉각, 후각을 감지할 수 있는 매체가 될 수 있고, 여섯째, 다른 여러 가지 치료법과 병행할 수 있다는 것이다.

② 그렇다면 원예치료적 단순 접근을 지양하고 사람에 대한 기본 이해가 선행되어야 할 것이며, 나아가서는 포괄적 접근으로의 점진적 접근이 요구된다고 하겠다.

③ 정신분석이나 인지심리분석, 실존분석 등에서도 테크닉보다는 사람에 대한 이해를 우선하는 것도 같은 맥락이며, 원예치료 또한 사람이 중심이며 식물을 키우는 것은 그 다음이라 할 수 있겠다.

④ 원예치료의 이론적 지식과 기술을 연마하여 전문성을 확장함과 동시에 특정 이용자는 물론 일반 이용자들까지도 정서함양, 치료, 재활의 기회를 제공하고 나아가 힐링과 삶의 질 향상에 기여할 수 있기를 기대한다.

2 개인, 집단대상 사회복지실천의 특성과 실천기술

전통적인 사회복지실천에서는 개입의 단위 또는 대상을 개인, 가족, 집단, 그리고 지역사회로 분류해 왔다. 이들 개인이나 가족, 집단, 지역사회는 사회복지실천에서 단순히 하나의 실천단위로 머문 것이 아니라 각 단위별로 고유한 방법론을 발달시켜 왔다. 즉, 개별사회복지실천, 집단사회복지실천, 가족사회복지실천, 지역사회조직사업이 그것이다.

이러한 방법론들은 사회복지실천에서 전통적인 방법론으로 이해되고 있는데 1970년대 이후에 새로운 관점의 출현과 더불어 사회복지실천에서 고전적인 방법론으로 자리매김되고 있다. 그러나 접근방법론의 논란을 벗어나서 실천 대상에 초점을 맞추었을 경우 거의 대부분의 사회복지실천 이론가와 사회복지사들은 개인과 가족 및 집단 그리고 지역사회를 대상으로 하는 실천에 집중하고 있으며 이러한 경향은 주된 흐름을 형성하고 있다. 여기에서는 위와 같은 개인,집단대상 사회복지실천의 특성과 실천기술을 살펴보고자 한다.

1 개인, 집단대상 사회복지실천의 특성

1) 개인대상 사회복지실천의 특성

① 문제를 해결하려는 사람을 돕는 데 적용하는 지식, 이해 및 숙련된 기술의 활용에 기초를 둔 사람을 돕는 하나의 방법이다.

② 개별적으로 취급하여 과학적이지만 그 방법은 예술적 노력을 포함하기도 한다.

③ 개인의 외적 환경적인 문제와 개인의 내적인 문제를 가진 사람들을 돕는다.

④ 개인의 복지에 초점을 두지만 일반인의 복지를 부정하지는 않는다.

⑤ 완전히 주관적인 생각을 가진 편견이나 환경적인 조정만이 아니라 심리적 요소와 사회적 요소를 결합하고 있는 심리 사회적인 것이다.

2) 집단대상 사회복지실천의 특성

① 집단대상 사회복지실천은 언제나 집단의 외부로부터 오는 사회복지사의 도움을 필요로 한다.

② 집단대상 사회복지실천은 인간에 대한 사회복지사의 이해와 개인으로서 그들에 대한 사회복지사의 관심에 기초를 둔 어떤 기술을 필요로 한다.

③ 집단대상 사회복지실천은 상호 관심의 형태, 비슷한 연령, 직업 등과 같은 점에서 어느 정도 유사성, 현재성과 잠재성을 가진 집단을 활용한다.

④ 집단대상 사회복지실천은 집단과 사회복지사가 사회적, 오락적, 교육적, 치료적인 면에 초점을 둘 수 있는 프로그램 활동에 종사할 것을 암시한다. 따라서 집단대상 사회복지실천은 개인이 보다 나은 사회적 적응과 인격적 발달을 향하여 개인을 지도하는 다양한 기술을 발달시킬 것을 가정하며 예방적 기능과 치료적 기능을 가진다.

2 개인, 가족, 집단대상 사회복지실천기술

1) 개인대상 사회복지실천기술

① 지시적 기술은 고용주와 더욱 유익한 관계를 갖도록 제안하거나 조언하는 것, 의사의 자문을 받게 하는 것, 의학적인 충고에 따르도록 하거나, 어떤 특정한 방법으로 어린이를 다루게 하는 것 등과 같은 특정한 유형의 클라이언트의 행동을 촉진시키도록 노력하는 여러 방법들이 포함된다. 1930년대 이전에 있어서는 조언이 방문원의 중요한 치료의 수단이었으며, 그 후 사회복지실천의 실천경험을 통하여 조언의 효과가 의문시 되는 점을 발견하기도 하였지만 여전히 사회복지실천에서 활용될 수 있는 치료 기술이라고 볼 수 있다.

② 재명명 기술 혹은 재조명 기술은 인지적인 개입기술로서 개인이 그 문제나 상황을 다른 관점에서 볼 수 있도록 도울 때 사용한다. 재명명은 재구조화, 재정의라는 용어로도 사용된다. 사회복지사는 재명명 기술을 활용함으로써 직면한 관심사와 이슈를 다양하고 보다 긍정적으로 볼 수 있도록 원조할 수 있다.

③ 사회복지사는 클라이언트의 사고, 감정, 행동을 명확히 하도록 노력한다. 목표는 정신적 사건을 클라이언트의 기능의 다양한 단편들과의 관계를 탐색하고 연결시키는 것이다. 그러한 관계는 사실상 존재하며 클라이언트에게 분명히 보이는 것은 아니기 때문에 명료화가 필요하게 된다. 명료화는 그 특성상 원인론적이거나 발달적인 해석과는 다르다. 명료화는 주로 현재적 사건 중에서 연관성을 찾는 데 국한하여 이루어진다.

④ 해석적 방법이다. 현실세계에서의 감정, 사고, 행동, 환상과 열망은 어려서의 경험에 상응하는 것으로 생각된다. 이러한 측면에서의 연관성은 스스로 알 수 있거나 분명히 알 수 있는 것이 아니다. 과거의 시간과 경험에 개입하는 것은 이러한 연관성을 왜곡할 수 있다. 더구나 수많은 정신역동적 이론에 따르면 인생 초기의 사건들은 클라이언트에게 접근할 수 있는 것이 아니다. 즉, 무의식적인 것이다. 사회복지사는 해석적 방법을 적용하는 아득한 시절에 대하여 클라이언트에게 지금의 행동과 초기의 원인적 경험과의 관계를 지적하여 준다. 해석은 시기가 매우 중요하다. 연관성이 분명하다고 할지라도 클라이언트가 해석을 받아들일 준비가 되어 있지 않다면 클라이언트에게 해석해 주려고 시도하는 것은 무의미하다.

⑤ 행동수정에서는 학습이론으로부터 도출된 일련의 특수한 활동이 있다. 이러한 방법들은 필수적으로 사람들이 보여주는 관찰 가능한 행동을 취급하며 거의 모든 인간행동은 학습된 것이라는 보다 합리적인 명제에 기반하고 있다. 학습된 이상 수정할 수 있다. 행동치료는 원하지 않는 행동의 수정과 바람직한 행동의 학습에 기여한다.

⑥ 지지적 기술은 클라이언트가 직면하고 있는 외적 위협이 클라이언트 자신이 생각하고 있는 것만큼 위험하지 않다는 확신을 직접적으로 표현하고, 클라이언트에 대한 사회복지사의 관심과 수용 그리고 도우려는 사회복지사의 의지를 전달

함으로써 클라이언트의 자신감과 자존심의 결여 및 불안감 등을 감소시켜주는 것이다. 그리고 이 기술은 어디까지나 사회복지사–클라이언트 관계 및 사회복지사에 대한 클라이언트의 지각에 근거를 둔다. 이에는 수용, 재보증, 격려, 관심의 구체적 표현, 비언어적 지지, 이차적 지지 등이 있다.

⑦ 도전 및 직면기술이다. 직면이란 대담하게 얼굴과 얼굴을 마주 대하는 것 혹은 가까이에서 사물에 접한다는 뜻이다. 치료 상황에서 직면이란 치료자가 클라이언트에게 어떤 것을 지적해 주는 행위를 말한다. 즉, 직면은 클라이언트가 장애를 일으키거나 지속시키는 자신의 사고, 감정 혹은 행동의 어떤 측면과 직면하는 것을 말한다. 직면의 목적은 사고나 행동의 과정을 해석하거나 전환시키는 데 있다. 특히 클라이언트가 지속적으로 역기능적 행동들을 양산하는 자신의 사고, 정서 및 행동상의 심한 모순이나 불일치 등을 전혀 인식하지 못할 때 직면은 효과적 도구가 될 수 있다. 사회복지사는 성장과 목적 달성을 위한 진행을 지지시키는 힘을 지각하고 변화를 위해 노력을 하는 동기를 강화하도록 클라이언트를 돕기 위하여 직면기술을 사용한다. 물론 모든 사람들은 자기인식에 있어 맹점을 지니고 있다. 왜냐하면 모든 사람은 자신이 인식할 수 있는 부분을 벗어나 객관적으로 자신을 보는 데는 한계가 있기 때문이다. 사회복지사는 외부적 관점에서 클라이언트와 그의 문제들을 바라볼 수 있는 유리한 입장에 있으며 이는 클라이언트에게 새로운 관점을 제공할 수 있게 한다. 직면은 평형상태를 혼란시키며 잠정적 불안을 야기하기도 한다. 그리고 사회복지사가 직면을 사용할 시 클라이언트를 비평하거나 업신여기며 거절하는 것으로 클라이언트가 해석할 수 있기 때문에 직면은 위험성을 내포하고 있는 기술이다. 따라서 직면을 효과적인 치료기술로서 사용하기 위해서는 높은 수준의 감정이입을 동반해야 하며 적절한 타이밍의 기술 또한 요구된다.

2) 집단대상 사회복지실천기술

① 참여촉진기술은 소외되었던 구성원을 참여시켜 특정 문제가 어떻게 영향을 미치고 타 구성원의 문제해결책이 자신에게도 얼마나 도움이 되는지를 깨닫게 한다.

참여를 촉진시키는 것은 집단 결속력을 증진시키고 의사결정을 공유하게 하는 것이다.

② 사회복지사는 표현기술을 사용하여 집단 성원이 주요 이슈나 과업에 대해 느끼고 생각하는 바를 자유롭게 표현하도록 돕는다. 사회복지사는 과업집단과 치료집단의 구성원이 어려운 주제에 대해 개방적으로 의사소통할 수 있도록 돕는다. 자기 노출은 이러한 목적으로 사용되는 효과적인 표현기술이다.

③ 주의집중기술은 집단의 결속력 형성과 수용적 분위기 조성에 유용하며 성공적인 지도자들이 잘 활용하는 기술이다. 구체적으로는 눈 맞춤, 몸동작 같은 비언어적인 행동과 감정이입, 존중, 따뜻함, 신뢰, 진솔성을 전달하는 언어적 행동이 있다.

④ 선별적 반응기술이다. 사회복지사는 선별적 반응기술을 통하여 성원의 메시지가 좀 더 적합하도록 방향을 조정할 수 있다. 선별적으로 반응하여 향후 집단과정에 영향을 미치는 것이다.

⑤ 부연기술은 사회복지사가 구성원이 말한 것을 바꾸어 말하는 것이다. 사회복지사나 집단의 성원이 다른 성원이 말한 것을 바꾸어 말함으로써 그 성원이 자신의 문제나 상황을 좀 더 명확하게 또는 새로운 방식으로 보도록 도울 수 있다.

⑥ 초점유지기술이다. 집단 성원은 사회복지사가 적절한 안내를 해주어 활용 가능한 시간이 최대한 생산적이기를 기대한다. 사회복지사가 시간을 효율적으로 운영하지 못하면 사회복지사의 지도력에 대한 신뢰감이 감소한다. 초점유지기술은 집단이 주제에서 벗어났을 때 이전의 주제로 되돌아갈 수 있도록 하거나 새로운 주제에 옮겨 갈 수 있도록 하는 것이다.

⑦ 명료화기술의 목적은 구성원이 인지적으로 잘 이해하도록 돕는 것이다. 집단 내에서 진술되는 내용과 상호작용 형태에 대하여 모호함이 없도록 하고 모호한 대화의 초점을 분명하게 할 때 사용한다.

⑧ 사회복지사는 집단의 상호작용을 특정 방향으로 인도하기 위해 상호작용을 지도하는 기술을 사용한다. 이 방법은 특정 성원의 의사소통을 격려하거나 제한하는 식으로 사회복지사가 특정 목적을 가지고 의사소통 유형을 선택하는 것이다.

⑨ 의사소통을 연계하는 것은 사회복지사 중심의 의사소통에서 집단 중심의 의사소

통으로 이동하면서 집단 구성원 간의 의사소통을 촉진하도록 돕는 기술이다.

⑩ 질문하기를 통해 집단 성원이 정보를 파악하고 확장하며 명료화할 수 있도록 방향을 제시한다. 질문유형에는 폐쇄질문, 개방질문 등이 있다.

⑪ 언급하기는 집단 성원이 특정 주제에 관한 정보를 제공하도록 격려하는 것으로 위의 질문하기보다 더 효과적이다. 이 기술은 집단성원이 무엇을 어떻게 말할지를 결정할 수 있는 자유를 제공한다.

⑫ 의도적인 침묵기술이다. 의도적인 침묵은 현재 말하고 있는 것에 대해 사회복지사가 경청하고 주시하고 있다는 것을 암시한다. 이러한 자세는 말하는 사람에게 계속해서 말할 수 있도록 유도하는 경향이 있다.

⑬ 행동, 인식 변화를 유도하는 기술이 있다. 이 기술은 과업 달성에 직접적인 영향을 주거나 목표와 관련된 집단 성원의 인식, 행동을 변화시키는 기술로 구분할 수 있다. 구체적으로 개인의 강점과 긍정적인 방어기제, 의견과 감정 표현에 대해서 지지하는 지지기술, 성원이 그 문제나 상황을 다른 관점에서 볼 수 있도록 도울 때 사용하는 재명명기술, 성원에게 바람직한 모델이 되는 모델링 기술, 어떤 행동 방침을 방해하거나 전환하기 위해 사용되는 직면기술, 성공적인 갈등을 해결하기 위한 갈등해결기술 등이 있다.

이상과 같이 개인,집단대상 사회복지실천의 특성과 실천기술을 살펴보았다. 사회복지실천에서 클라이언트란 개인, 집단, 조직, 가족, 지역사회를 모두 포괄한다. 이들 개인과 집단, 개인과 가족, 가족과 집단에 대한 개입과 기술은 서로 배타적이지 않다. 오히려 상호보완할 수 있으며 필요하면 개인과 집단실천 또는 개인과 가족실천 등이 서로 결합되어 활용되거나 순차적인 방법으로 활용될 수 있다.

복지원예사는 사회복지실천의 특성과 실천기술을 이해하고 원예치료 현장에서 활용할 수 있어야 한다.

3 아동복지청소년

1 아동복지의 개요

아동과 청소년 시기의 원예활동에 대한 경험은 장기적 원예치료의 극대화적 효과를 이루기 위해서는 아주 중요하다.

1) 아동복지의 개념

아동은 심신이 미성숙 상태인 사람 또는 성숙하는 과정에 있는 사람을 총칭하며, 연령에 의해 신생아 · 영아 · 유아 · 아동 · 청소년 등으로 세분되고 있다.

일반적으로 법적 정의에 바탕을 둔 아동의 연령은 18세 미만인 자, 우리나라의 「아동복지법」에서는 '아동이란 18세 미만의 자를 말한다.'라고 규정하고 교육이나 보호에 관한 일반적인 법적 연령 기준을 18세로 하고 있다.

2) 아동복지의 정의

아동 + 복지 = 아동이 편안히 잘 지내는 상태를 뜻한다

'넓은 의미에서 모든 아동의 행복과 사회적응을 위하여 심리적, 육체적 잠재력을 개발시켜주는 각종의 방법을 말하며, 좁은 의미로는 특수한 문제를 가진 아동과 그 가정을 대상으로 전문적인 기관에서 행하는 서비스', '빈곤, 방치, 유기, 질병, 결함 등을 지닌 아동 또는 환경에 적응하지 못하는 비행아동들에게만 관심을 두는 것이 아니라 모든 아동이 체적 · 지적 · 정서적 발달에 있어서 안전하고 행복할 수 있도록

그림 6-1 | 아동 대상 원예치료 프로그램(사)원예치료복지협회 제주지회

위험으로부터 보호하기 위하여 공공과 민간의 기관에서 실시하는 사회적 · 경제적 · 보건적인 제반활동' 등을 의미한다.

2 아동복지의 정책과 서비스 내용

① 아동복지는 모든 아동들이 사회의 일원으로서 신체적 · 정신적으로 건전하게 성장 · 발달할 수 있도록 직 · 간접적으로 제공되는 모든 사회적 활동을 말한다.

② 아동복지의 필요성 및 기본적 원칙에는 가족환경의 변화 및 아동의 법적지위 향상이 있다.

③ 아동복지 서비스는 지지적 서비스, 보충적 서비스, 대리적 서비스로 구분해 볼 수 있다.

④ 아동복지 분야에서 일하는 원예치료사복지원예사에게는 아동의 욕구에 적합한 태도와 기술이 필요하다.

3 청소년복지의 개요

일반적으로 사춘기에 해당되는 13세부터 18세까지를 청소년으로 볼 수 있다. 청소년복지는 개념적으로 독특성을 지닌 청소년을 대상으로 수행하는 복지 분야를 의미하는데 가정이나 사회로부터 버려지거나 적응하지 못하는 청소년들뿐만 아니라, 모든 청소년들의 안녕에 관심을 가져야 한다고 전제한다. 또한 청소년복지는 '청소년들의 기본적 욕구를 충족하게 하고, 정신적 · 정서적 · 신체적으로 최상의 발달을 기하기 위해서 청소년 자신들에게 직접적으로 또는 가정이나 사회를 통해 간접적으로 제공되는 모든 사회 제도적 · 전문적 활동', '올바른 성장과 발달을 목표로 청소년에게 일정한 사회적 역할과 책임을 부여하는 동시에 현재의 삶의 질을 제고할 수 있는 환경을 조성할 수 있도록 청소년과 성인의 참여와 공동노력을 통해 청소년의 능력을 향상시키고 다양한 삶의 기회를 마련해 주는 제반의 복지활동' 등으로 정의할 수 있다.

청소년복지는 사회복지의 한 분야로서 모든 청소년들이 사회구성원의 한 사람으로서 정신적 · 신체적 · 정서적으로 최상의 발달을 기하기 위해 청소년, 가정, 사회를 통해 직 · 간접적으로 제공되는 모든 사회정책과 관련 제도 및 전문적 활동이다.

4 청소년복지의 정책과 서비스

청소년기라는 독특성을 지닌 청소년복지가 대두하게 된 이유는 국가의 정책적 측면과 사회 · 문화적인 배경으로 나누어 살펴볼 수 있다.

또한 청소년복지는 다른 사회복지 분야와 차별되는 독립된 영역이며, 청소년에 대한 접근은 다른 접근과는 구별되어야 한다는 점에서 인식을 같이 하고 있다. 아동 및 청소년복지에서 공통적으로 중요한 것은 가정의 기능과 역할이 강화되어야 한다는 것이고 이를 위해서는 부모, 사회, 국가 모두의 공동 노력을 필요로 한다.

5 아동 및 청소년의 원예치료 사례

아동들의 방과 후 과외 활동이 늘어났으며, 특히 정보화 시대에 발맞추어 나가기 위해 정보화 교육과 생명공학의 발전으로 아동들에게 생명과학 교육의 중요성이 강조되고 있다. 아동이 식물을 접할 수 있는 기회는 초등학교 교과목에서 배우는 슬기로운 생활과 자연, 그리고 실과 과목이 전부이며, 자연과 접할 기회가 부족한 도시의 초등학교 교실 내에 조성된 실내정원은 아동들에게 자연을 느끼고 체험할 수 있는 훌륭한 교육공간이 되며, 아동들의 주의 집중력과 정서지능의 향상에 있어서 중요한 역할을 한다. 어린시절에 새겨진 인상은 많은 부분이 망각 속에 묻힌다고 해도 개인의 삶에 지울 수 없는 흔적을 남기는데 사고방식, 행동범주 그리고 도덕개념 등이 대부분 유아기에 형성되기 때문에 어른이 된 뒤에는 외부의 조건이나 자극에 그리 큰 영향을 받지 않는다.

청소년을 대상으로 한 원예활동 프로그램의 특징은 다음과 같다.

---

① 질적, 양적으로 변화하는 식물의 생명 사이클은 청소년의 심신 변화에 부응하여 친근감을 준다.

② 느리지만 반드시 변화하는 식물을 체험하면서 마음의 안정과 자기 통제력을 키울 수 있다.

③ 식물을 돌보는 과정에서 인간의 양육 특성을 자극하여 타인을 배려하고 사랑하는 방법을 배울 수 있다.

④ 집단 원예활동 과정으로 협조와 양보, 민주적 의사결정 방법을 배우고, 자기표현과 타협 등 사회성을 발달시킬 수 있다.

⑤ 식물 관리를 위한 신체의 사용 부위에 따라 대소 근육의 발달, 균형 감각 및 신체 각 부위 간의 협응력을 발달시킨다.

⑥ 작품의 제작과정을 통하여 창의력과 감성을 발달시키고 자신감을 키울 수있다. 그 외에 생명 존중감과 자연 친화적 인성의 발달에 기여한다.

학교 정규 교육프로그램과 특별활동, 특수학교에서 원예를 접할 수 있는 기회가 마련되어 전인적인 인성교육에 대한 원예치료가 적용되어야 한다. 그리고 사회 부적응이 문제시 되고 있는 아동·청소년들에게 대상자의 심리, 정서면을 고려한 원예치료 프로그램을 적용하면 사회성과 대인관계 향상에 효과적이다.

4 노인복지

1 노인복지의 개요

우리나라의 「노인복지법」 제1조에는 '노인의 질환을 사전 예방 또는 조기발견하고 질환상태에 따른 적절한 치료 · 요양으로 심신의 건강을 유지하고, 노후의 생활안정을 위하여 필요한 조치를 강구함으로써 노인의 보건복지증진에 기여함을 목적으로 한다.'고 노인복지의 개념을 설명하고 있다. 이러한 내용으로 종합하여 볼 때 노인복지는 노인의 생존권 보장, 건강한 노후생활 보장, 사회통합의 유지라는 점에서 그 의의를 찾을 수 있다.

2 노인복지의 정책과 서비스

우리나라는 급속한 고령화를 맞이하고 있기 때문에 노인복지에 대한 관심이 높아지고 있으며, 노인은 신체적 · 정신적 기능이 쇠퇴하여 의존성이 증가하기 때문에 다양한 사회복지서비스가 필요하다. 노인복지의 기본적 원칙에는 존엄성 및 개성 존중의 원칙, 개별화의 원칙, 자기결정의 원칙, 권리와 책임의 원칙, 보편성과 선별성의 원칙, 개별적 기능의 원칙, 전체성의 원칙, 전문성의 원칙, 노인의 시대적 욕구 반영 원칙들이 있다.

노인복지 정책은 노인의 인간다운 삶을 보장하기 위해 국가가 관여하는 수단을 말하는데 크게 소득 보장, 주거 보장, 의료 보장 및 사회복지서비스로 구성된다.

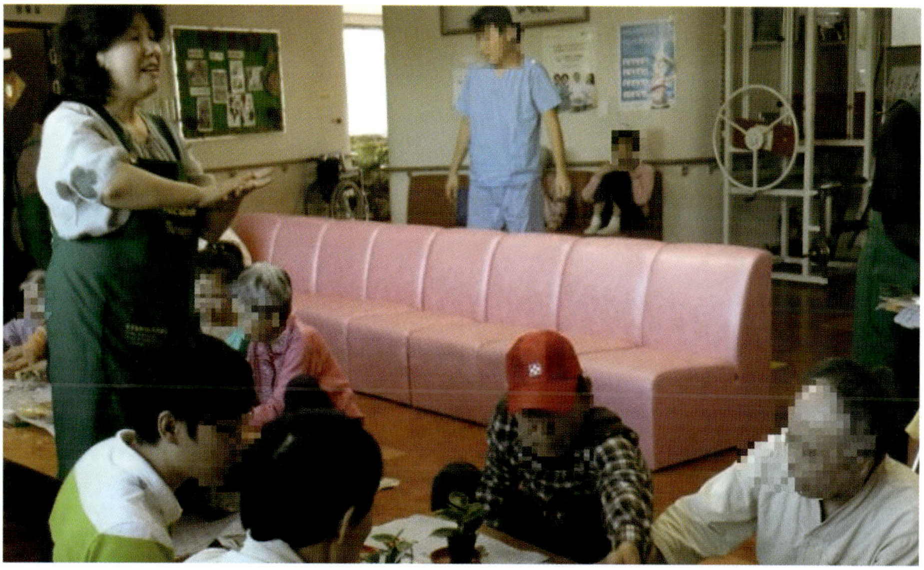

그림 6-2 | 노인 대상 원예치료 프로그램(사)원예치료복지협회 제주지회

노인복지 정책은 지속적으로 노인의 사회참여 기회를 보장함으로써 활력 있는 고령사회가 될 수 있도록 노력해야 한다.

3 노인복지의 원예치료 사례

고령사회와 함께 노인인구의 비중이 증가함에 따라 사회복지 차원에서 노인전문 원예치료 프로그램 개발이 필요하다고 하겠다. 땅을 일구어 씨를 뿌리며 제초 작업을 하는 원예활동은 노인들에게 소일거리를 제공하고, 경제적인 도움을 주며, 건강을 유지시켜 준다. 또한 옥외 활동시간이 많아져 관심을 같이 하는 사람들과 자연스럽게 대화를 하게 되어 소외감이나 고립감을 극복하고 사회활동에 참여할 수 있도록 도울 수 있다.

5 장애인복지

장애인복지의 개념과 특성 및 필요성, 복지 정책과 서비스 내용으로 장애인의 원예치료 사례를 정리할 수 있다.

1 장애인복지의 개요

장애인복지의 주요 이념은 인권보장, 정상화, 사회통합 등 다양한데 이 중 정상화의 이념은 장애가 있다 하더라도 평등한 사람으로 받아들이고 그 사람의 생활이 일반적인 생활과 같아지도록 노력하는 것으로 사회통합을 목표로 한다. 장애인복지는 생존적 기본권 사상에 기초하여 장애인의 자아를 실현하며, 인간으로서 모든 시민과 같은 권리를 보장받을 수 있는 조건을 확보하는 것이다.

2 장애인복지의 정책과 서비스

장애인 복지는 장애를 가지고 있는 장애인이 주요한 대상이나 사회의 모든 구성원을 위한 것이기도 하며, 사회의 모든 구성원은 잠재적인 장애인이 될 수 있다. 우리나라의 장애범주는 신체적 장애와 정신적 장애로 나뉜다. 신체적 장애는 외부 신체 기능장애와 내부 신체 기관장애로 구분되며 정신적 장애는 지적장애, 정신장애, 자폐성장애로 살펴볼 수 있다.

그림 6-3 | 장애인 대상 원예치료 프로그램(사)원예치료복지협회 제주지회

장애인복지의 내용에는 소득 보장, 고용, 교육, 장애인시설과 서비스가 포함되어 있고, 모든 인간은 존엄성을 인정받고 살 권리를 지니고 있기 때문에 모든 사회구성원이 더불어 살아가는 사회를 만들어야 한다.

3 장애인의 원예치료 사례

농촌이나 원예 관련 산업체에서는 직업훈련을 받은 지적장애인을 고용하는 적극적인 노력이 필요하고, 장애인에게는 전문기술을 요하는 다양한 직업 재활 프로그램을 실시해야 한다. 장애 유형에 따라 상대적으로 나이가 많거나 지적기능이 낮은 장애인에게는 일상적인 반복훈련으로 프로그램을 진행하여야 한다. 그러므로 원예치료는 장애인의 사회 부적응 문제를 고려하여 치료 대상자의 심리, 정서적 재활치료 중심으로 훈련해야 하며, 이는 사회성과 대인관계 향상으로 장애인의 복지증진에 기여할 수 있다.

6 다문화복지

다문화복지의 개념, 정책과 서비스 내용, 원예치료의 사례를 제시할 수 있다.

1 다문화복지의 개요

'다문화'는 많을 '다多'자에 '문화文化'라는 말이 붙어서 '여러 나라의 생활양식'이라는 뜻으로 세계화가 진행됨에 따라 단일한 민족 국가들이 가지고 있던 다양한 문화를 서로 인정하고 교류하기 위해 여러 문화를 존중하고자 하는 이론이다. 이러한 다문화복지는 미국의 『Herald Tribune』 7월호의 서평에서 사용된 '다문화적 생활양식 multicultural way of life'이라는 표현의 등장과 더불어 대중적으로 사용되기 시작하여 우리나라에 정착되었다.

2000년대에 들어서면서 한국 사회도 전 지구화와 함께 진행된 국제이주의 물결이 거세게 밀려들면서 인적 구성에 급격한 변화를 초래하였다. 2007년 8월, 유엔 인종차별철폐위원회는 '한국이 민족 단일성을 강조하는 것은 그 영토 내에서 사는 서로 다른 민족이나 국가 간의 이해와 관용, 우의 증진에 장애가 될 수 있다'고 우려를 표시한 뒤, '순수혈통'과 '혼혈' 같은 용어에 담겨 있을 수 있는 인종적 우월성의 관념이 한국 사회에 여전히 널리 펴져 있다는 것을 우려한다고 하였다.

그림 6-4 | 다문화 대상 원예치료 프로그램(사)원예치료복지협회 제주지회

2 정책과 서비스 내용

다문화 사회는 문화적 다양성과 민족적 인구 구성의 변화를 가져올 수 있으며, 가치관의 혼란과 사회적 일체감의 약화 현상이 발생하고 불평등의 가시화를 초래할 수도 있다. 우리나라의 다문화 가족정책은 첫째, 결혼이민자가족을 지원하기 위한 정책, 둘째, 부족한 국제 인력수요에 대응하기 위한 단기적 외국인근로자 정책, 셋째, 북한 이탈 주민에 대한 적응지원 정책으로 특징지어진다.

3 다문화의 원예치료 사례

원예활동을 통해 다른 사람들과의 어울림과 책임감이 향상되는 등 원예치료는 상대적으로 소외감을 느끼거나 심리적, 언어적으로 위축되어 우울한 경향을 보이는 다문화 대상자의 자신감 회복에도 도움을 주는 것으로 나타나고 있다.
그래서 인간관계의 기회가 부족하고 자연을 접하지 못하는 다문화 대상에게 원예활동은 삶을 보다 밝은 방향으로 바꾸며 긍정적인 영향을 주고 있다.

VII

특수교육의 이해

지구상에 생명이라는 이름으로 살아가는 개체는 수없이 많으며, 서로 다르다고 틀린 것은 아니다. 수많은 생명들은 각기 다른 특성이 있고, 그 다름이 그들의 고유한 특성이며 또한 강점이다. 특수교육 대상자들은 조금 다른 특성과 강점이 있다. 그들이 가진 장애 유형 및 장애의 정도를 이해함으로써 대상자들이 자립하여 생활하기 위해 우리는 원예치료사[복지원예사]라는 이름으로 함께 나아가야 한다. 차별과 편견에서 벗어나 특수교육 대상자들이 가진 다름을 강점화 시킬 수 있도록 함께 노력해주길 바란다.

1 특수교육의 이해

1 장애

세계보건기구는 장애에 대한 일반적인 개념을 신체손상, 기능장애, 사회적 불리의 관점으로 정의하였다. 손상은 신체적 특정 부위가 상실되거나 그 기능의 감소된 상태를 의미하는 것으로 의학적 관점이다. 기능장애는 손상으로 인해 다른 사람이 보편적으로 수행하는 방법으로 특정과제를 수행하기 어려운 상태이다. 사회적 불리란 손상이나 능력제한으로 인해 환경과의 상호작용에서 문제나 불이익을 경험하게 되는 것을 의미한다.

장애의 정의 장애는 질병이나 사고 등에 의해 지적, 정신적, 청각, 시각, 내장, 골격, 기형적인 면에 결함이 생겨 정상적인 생활이 곤란하거나 불가능한 상태이며, 장애는 이러한 손상으로 인해 특정영역[읽기, 보기, 걷기, 듣기 등]에 능력 저하가 생기는 것으로 교육 훈련적 지원이 필요하다(국립특수교육원, 2009).

2 특수아동의 이해

우리 주변은 다양한 아동으로 구성되어 있고 또한 그 아동을 우리는 어렵지 않게 접할 수 있다. 아동은 성격적, 학업적, 행동적 특성에서도 다양함을 보인다. 어떤 아동은 미로를 좋아하고, 어떤 아동은 기차를 좋아하며, 또 다른 아동은 국어나 수학을 잘하기도 있다. 하지만 다양한 부분에서 특별히 잘하지 못하고 수행 능력이 다소 늦어지는 아동들도 볼 수 있다. 아동마다 가지고 있는 다양성은 개인이 가지고 있는 개별성을 표현해 주고 있는 것이다. 우수한 아동에서 장애를 가진 아동까지 그 범위가 넓어지는 것을 인식해야 하며, 일반적인 교육으로 모든 아이들의 교육을 충족시킬 수는 없다. 그러므로 모든 아동들이 적절하게 필요한 교육을 받을 수 있도록 특별하게 고안된 특수교육을 필요로 하게 되는 것이다.

3 특수교육의 정의

특수교육은 일반적인 학령기 아동에게 맞춰진 교육으로는 충족되기 어려운 아동들의 구체적 특성과 개별 욕구에 맞도록 적응시킨 교육을 말한다. 김승국(1998)은 정상에서 이탈되어 있는 아동에게 알맞게 학교의 교육과정을 재구성하여 제공하는 것으로 정의하였고, 한현민(2000)은 일반적인 교육의 보편성 및 공통성 외에 교육적으로 특별히 고려하여 이루어지는 교육적 행위로 정의하기도 하였다. 「장애인 등에 대한 특수교육법」에서는 '특수교육이란 특수교육대상자의 교육적 요구를 충족시키기 위하여 특성에 적합한 교육과정 및 특수교육 관련 서비스 제공을 통하여 이루어지는 교육'으로 정의하고 있다(개정 2012.3.21).

4 특수교육의 목적 및 필요성

「장애인 등에 대한 특수교육법」에서는 「교육기본법」 제18조에 따라 국가 및 지방자치단체가 장애인 및 특별한 교육적 요구가 있는 사람에게 통합된 교육환경을 제공하고 생애주기에 따라 장애유형 · 장애정도의 특성을 고려한 교육을 실시하여 이들이 자아실현과 사회통합을 하는 데 기여함을 목적으로 명시하고 있다. 특수교육은 장애아동의 보편성과 특수성을 고려하여 장애아동의 잠재력과 가능성을 최대한 이끌어내어 그에 적합한 목표에 도달하도록 하여, 자아실현과 사회의 구성원으로 자리잡을 수 있도록 교육하여 생활의 기초를 마련하는 것이 그 목적이다.

특수교육을 필요로 하는 아동은 자신의 특별한 교육적 목적을 위하여 보다 능동적으로 자신이 필요로 하는 것을 요구할 수 있음을 의미하는 것이다. 장애아동은 보다

교육적 목표에 도달하기 위해 수동적인 자세보다는 능동적으로 교육의 권리를 찾아가야 하는 존재로 바로 서야 함을 나타내고 있다.

5 특수교육의 성과 및 평가 기준

얼마나 많은 아동이 특수교육의 받을 수 있는가를 기준으로 보기도 하지만 최근에는 얼마나 만족스러운 삶을 살고 있는가를 특수교육의 평가 기준으로 반영하고 있다.

① 독립된 삶을 살 수 있도록 한다. 즉, 장애를 가진 사람들도 자신의 생활을 선택하고 조절할 수 있어야 한다는 것이다.

② 생산적인 삶을 살 수 있도록 한다. 즉, 장애를 가진 사람들도 수입을 가질 수 있는 생산적인 일을 할 수 있게 하여 그들의 가계생활이나 지역사회에 기여할 수 있도록 하여야 한다는 것이다.

③ 통합된 생활을 할 수 있도록 한다. 즉, 장애를 가진 사람들도 지역사회의 일원으로서 지역사회 주민과 일상적인 접촉을 할 수 있도록 하여야 한다는 것이다.

6 특수교육 대상의 분류

「장애인 등에 대한 특수교육법」에서는 교육장 또는 교육감에 의해 시각장애, 청각장애, 지적장애, 지체장애, 정서 · 행동장애, 자폐성장애 이와 관련된 장애, 의사소통장애, 학습장애, 건강장애, 발달지체, 그 밖에 대통령령으로 정하는 장애 중 특수교육을 필요로 하는 사람으로 진단 · 평가된 사람을 특수교육대상자로 선정하고 있다. 현재 「장애인복지법」에서 제시하는 법적 장애인과 특수교육 대상으로서의 장애영역은 다소 차이가 있다.

특수교육대상자는 효율적인 학습을 위하여 인적 및 물리적 지원을 필요로 하는 아동이므로 특별한 교육적 지원을 필요로 하지 않는 경우에는 특수아동대상자에 넣지 않는다. 또한 특수교육대상자에 포함되어 있는 학습장애는 「장애인복지법」에는 포함되어 있지 않는 것이 그 예이다. 최근에는 장애아동으로 진단되지는 않았지만 환경적, 유전적으로 장애의 가능성이 높은 아동이나 신체, 인지, 의사소통, 사회 · 정서, 적응행동 중 하나 이상의 발달이 또래에 비하여 현저하게 지체되어 특별한 교육적 조치가 필요한 영아 및 9세 미만의 아동도 특수아동의 대상으로 넣고 있다.

1) 특수교육 대상의 비교

「장애인 등에 대한 특수교육법」과 「장애인복지법」, 「미국 장애인교육법」에 제시된 특수교육대상자의 분류를 비교하여 살펴보면 다음과 같다.

표 7-1 | 특수교육 대상의 비교 (김, 2016)

<table>
<tr><th colspan="2">구분</th><th>장애인 등에 대한 특수교육법²⁰¹⁶</th><th>장애인복지법 시행령²⁰⁰⁷</th><th>미국 장애아동 교육향상법²⁰⁰⁴</th></tr>
<tr><td rowspan="8">신체적 장애</td><td rowspan="6">외부기관 장애</td><td>시각장애</td><td>시각장애</td><td>시각장애</td></tr>
<tr><td>청각장애</td><td>청각장애</td><td>농-맹 / 농</td></tr>
<tr><td rowspan="2">지체장애</td><td>지체장애</td><td>지체장애</td></tr>
<tr><td>뇌병변장애</td><td>외상성 뇌손상</td></tr>
<tr><td>의사소통장애</td><td>언어장애</td><td>말 · 언어</td></tr>
<tr><td rowspan="3">건강장애</td><td>신장장애
심장장애
호흡기장애
간장애
장루장애 및 요루장애
안면장애
뇌전증^{간질}</td><td rowspan="3">기타 건강장애</td></tr>
<tr><td rowspan="2">내부기관 장애</td></tr>
<tr></tr>
<tr><td rowspan="3">정신적 장애</td><td rowspan="2">발달장애</td><td>지적장애</td><td>지적장애</td><td>지적장애</td></tr>
<tr><td>자폐성장애</td><td>자폐성장애</td><td>자폐</td></tr>
<tr><td>정신장애</td><td>정서 · 행동장애</td><td>정신장애</td><td>정서장애</td></tr>
<tr><td colspan="2" rowspan="3">기타</td><td>학습장애</td><td>–</td><td>특정 학습장애</td></tr>
<tr><td>발달지체</td><td>–</td><td>발달지체</td></tr>
<tr><td>그밖에 대통령이 정하는 장애^{영재아}</td><td>–</td><td>중복장애</td></tr>
<tr><td colspan="2"></td><td>11개 영역</td><td>15개 영역</td><td>13개 영역</td></tr>
</table>

다음과 같이 「장애인 등에 대한 특수교육법」과 「장애인복지법」에서 장애의 대상은 법이 목적으로 하는 바에 따라 다소 차이가 있다. 「장애인 등에 대한 특수교육법」의 학습장애와 발달지체는 「장애인복지법」에서는 제외되어 있다.

2) 특수교육법에서의 특수교육대상자

우리나라의 「장애인 등에 대한 특수교육법」의 특수교육대상자는 시행령 제10조에 근거하여 다음과 같다.

표 7-2 | 특수교육법상의 특수교육대상자

특수교육대상자 선정 기준제10조 관련 **〈개정 2016. 6. 21.〉**

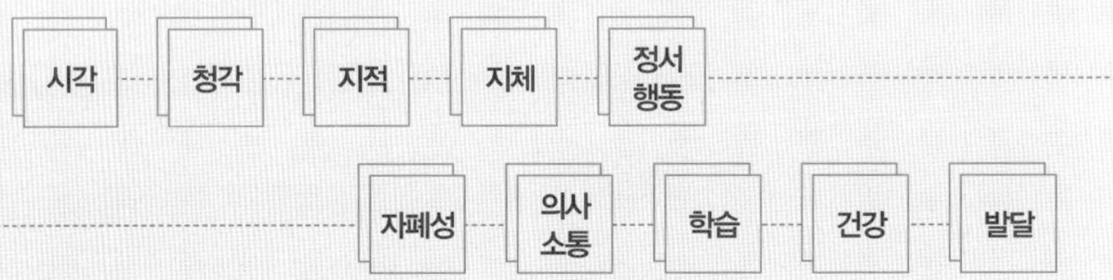

① 시각장애를 지닌 특수교육대상자

시각계의 손상이 심하여 시각기능을 전혀 이용하지 못하거나 보조공학기기의 지원을 받아야 시각적 과제를 수행할 수 있는 사람으로서 시각에 의한 학습이 곤란하여 특정의 광학기구 · 학습매체 등을 통하여 학습하거나 촉각 또는 청각을 학습의 주요 수단으로 사용하는 사람

② 청각장애를 지닌 특수교육대상자

청력 손실이 심하여 보청기를 착용해도 청각을 통한 의사소통이 불가능 또는 곤란한 상태이거나, 청력이 남아 있어도 보청기를 착용해야 청각을 통한 의사소통이 가능하여 청각에 의한 교육적 성취가 어려운 사람

③ 지적장애를 지닌 특수교육대상자

지적 기능과 적응행동상의 어려움이 함께 존재하여 교육적 성취에 어려움이 있는 사람

④ **지체장애를 지닌 특수교육대상자**

기능 · 형태상 장애를 가지고 있거나 몸통을 지탱하거나 팔다리의 움직임 등에 어려움을 겪는 신체적 조건이나 상태로 인해 교육적 성취에 어려움이 있는 사람

⑤ **정서 · 행동장애를 지닌 특수교육대상자**

장기간에 걸쳐 다음 각 항목의 어느 하나에 해당하여, 특별한 교육적 조치가 필요한 사람

㉮ 지적 · 감각적 · 건강상의 이유로 설명할 수 없는 학습상의 어려움을 지닌 사람

㉯ 또래나 교사와의 대인관계에 어려움이 있어 학습에 어려움을 겪는 사람

㉰ 일반적인 상황에서 부적절한 행동이나 감정을 나타내어 학습에 어려움이 있는 사람

㉱ 전반적인 불행감이나 우울증을 나타내어 학습에 어려움이 있는 사람

㉲ 학교나 개인 문제에 관련된 신체적인 통증이나 공포를 나타내어 학습에 어려움이 있는 사람

⑥ **자폐성장애를 지닌 특수교육대상자**

사회적 상호작용과 의사소통에 결함이 있고, 제한적이고 반복적인 관심과 활동을 보임으로써 교육적 성취 및 일상생활 적응에 도움이 필요한 사람

⑦ **의사소통장애를 지닌 특수교육대상자**

다음 각 항목의 어느 하나에 해당하여 특별한 교육적 조치가 필요한 사람

㉮ 언어의 수용 및 표현 능력이 인지능력에 비하여 현저하게 부족한 사람

㉯ 조음능력이 현저히 부족하여 의사소통이 어려운 사람

㉰ 말 유창성이 현저히 부족하여 의사소통이 어려운 사람

㉱ 기능적 음성장애가 있어 의사소통이 어려운 사람

⑧ **학습장애를 지닌 특수교육대상자**

개인의 내적 요인으로 인하여 듣기, 말하기, 주의집중, 지각知覺, 기억, 문제 해결 등의 학습기능이나 읽기, 쓰기, 수학 등 학업 성취 영역에서 현저하게 어려움이 있는 사람

⑨ **건강장애를 지닌 특수교육대상자**

만성질환으로 인하여 3개월 이상의 장기입원 또는 통원치료 등 계속적인 의료적 지원이 필요하여 학교생활 및 학업 수행에 어려움이 있는 사람

⑩ **발달지체를 보이는 특수교육대상자**

신체, 인지, 의사소통, 사회 · 정서, 적응행동 중 하나 이상의 발달이 또래에 비하여 현저하게 지체되어 특별한 교육적 조치가 필요한 영아 및 9세 미만의 아동

3) 특수교육대상자 현황

2018년 특수교육 주요 현황

배치별		특수학교	일반학교		특수교육 지원센터	계
			특수학급	일반학급 (전일제 통합학급)		
특수교육대상자 수		25,919	48,848	15,595	418	90,780
학생수 장애영역별	시각장애	1,260	267	450	4	1,981
	청각장애	762	687	1,801	18	3,268
	지적장애	14,390	30,041	4,268	48	48,747
	지체장애	3,680	3,924	2,714	121	10,439
	정서 · 행동장애	214	1,337	670	–	2,221
	자폐성장애	5,065	6,283	803	5	12,156
	의사소통장애	124	1,150	802	5	2,081
	학습장애	20	1,062	545	–	1,627
	건강장애	30	154	1,574	–	1,758
	발달지체	374	3,943	1,968	217	6,502
	계	**25,919**	**48,848**	**15,595**	**418**	**90,780**
학생수 학교과정별	장애영아	164	–	–	418	582
	유치원	944	3,058	1,628	–	5,630
	초등학교	7,245	24,169	6,617	–	38,031
	중학교	5,534	9,990	3,264	–	18,788
	고등학교	7,076	11,422	4,086	–	22,584
	전공과	4,956	209	–	–	5,165
	계	**25,919**	**48,848**	**15,595**	**418**	**90,780**
학교 및 센터 수		175	7,954 (11,127)	7,725	199	11,501
학급 수		4,747	10,676	14,712	77	30,212
특수학교(급) 교원 수		8,483	11,077	–	479	20,039
특수교육 보조인력 수		4,480	7,596	373	–	12,449

연도별 특수교육대상자 배치 현황

(단위 : 명, %)

연도	특수학교 및 특수교육지원센터	일반학교	전체
2014	25,827(29.6)	61,451(70.4)	87,278(100)
2015	26,094(29.6)	61,973(70.4)	88,067(100)
2016	25,961(29.5)	61,989(70.5)	87,950(100)
2017	26,199(29.3)	63,154(70.7)	89,353(100)
2018	26,337(29.0)	64,443(71.0)	90,780(100)

연도별 장애영역별 학생 현황

(단위 : 명, %)

연도	시각 장애	청각 장애	지적 장애	지체 장애	정서행동 장애	자폐성 장애	의사소통 장애	학습 장애	건강 장애	발달 지체	전체
2014	2,130 (2.4)	3,581 (4.1)	47,667 (54.6)	11,209 (12.8)	2,605 (3.0)	9,334 (10.7)	1,966 (2.3)	3,362 (3.9)	2,029 (2.3)	3,395 (3.9)	87,278 (100)
2015	2,088 (2.4)	3,491 (4.0)	47,716 (54.2)	11,134 (12.6)	2,530 (2.9)	10,045 (11.4)	2,045 (2.3)	2,770 (3.1)	1,935 (2.2)	4,313 (4.9)	88,067 (100)
2016	2,035 (2.3)	3,401 (3.9)	47,258 (53.7)	11,019 (12.5)	2,221 (2.5)	10,985 (12.5)	2,089 (2.4)	2,327 (2.7)	1,675 (1.9)	4,940 (5.6)	87,950 (100)
2017	2,026 (2.3)	3,358 (3.8)	48,084 (53.8)	10,777 (12.0)	2,269 (2.5)	11,422 (12.8)	2,038 (2.3)	2,040 (2.3)	1,626 (1.8)	5,713 (6.4)	89,353 (100)
2018	1,981 (2.2)	3,268 (3.6)	48,747 (53.7)	10,439 (11.5)	2,221 (2.4)	12,156 (13.4)	2,081 (2.3)	1,627 (1.8)	1,758 (1.9)	6,502 (7.2)	90,780 (100)

특수교육대상자 현황

장애영역별 특수교육대상자

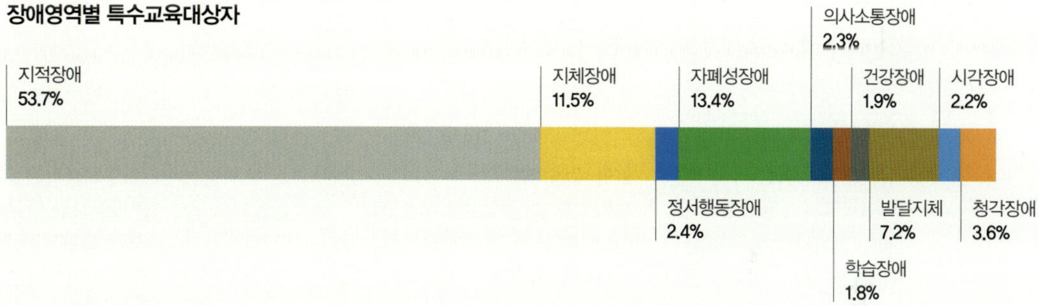

교육환경별 특수교육대상자

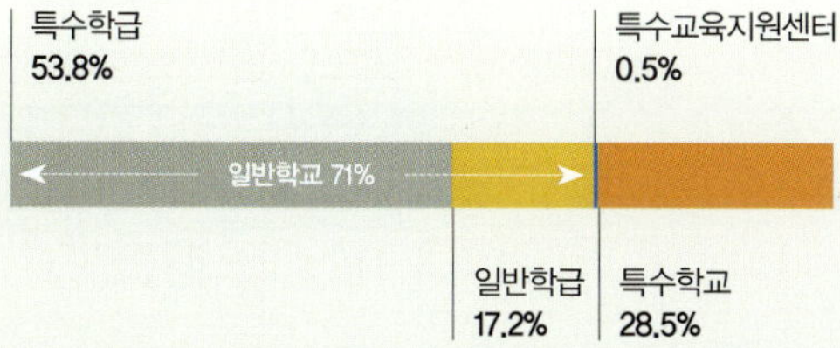

학교급별 특수교육대상자

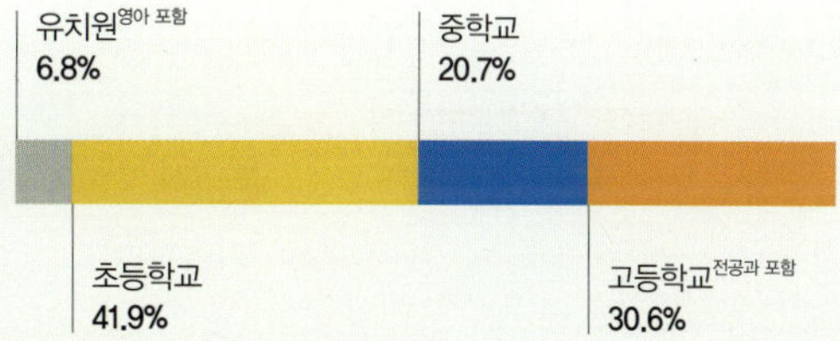

2018년을 기준으로 특수교육대상자는 지적장애아동이 전체의 53.7%를 차지하고 있으며, 다음으로 자폐성$^{13.4\%}$, 지체장애$^{11.5\%}$, 발달지체$^{7.2\%}$, 청각장애$^{3.6\%}$, 정서행동장애$^{2.4\%}$, 의사소통장애$^{2.3\%}$, 시각장애$^{2.2\%}$, 건강 및 학습장애 순으로 나타나고 있다. 또한 특수교육대상자 중 발달지체 대상자가 2014년 전체 87,287명 중에서 3,395명으로 전체의 3.9%를 차지하였으나, 2018년 전체 90,780명 중에서 6,502명으로 전체의 7.2%로 증가하였다. 이는 또래에 비해 현저하게 지체되어 있는 9세 미만의 아동을 폭 넓게 특수교육대상자로 선정하고 있음을 시사하고 있는 것으로 보여진다.

2 특수교육 교육과정

모든 국민이 가장 일반적이고 공통적이며, 보편적으로 경험해야 할 요소들을 바탕으로 교육목표를 달성하기 위하여 선택된 교육내용과 학습활동을 체계적으로 편성 · 조직한 전체 계획을 교육과정이라 한다. 교육과정은 내용, 구성 방법, 대상, 심화 정도에 따라 다양하게 분류되며, 특히 특수한 교육적 배려를 필요로 하는 학습자들을 대상으로 구성한 것을 특수학교 교육과정이라 한다.

표 7-3 | 특수교육 교육과정

유치원 교육과정
만 3세부터 초등학교 취학 전까지의 어린이를 대상으로 하고, 교육부장관이 정하는 유치원 교육과정에 준하여 편성된 과정

공통 교육과정
초등학교 및 중학교를 대상으로 하고, 교육부장관이 정하는 초등학교 및 중학교 교육과정에 준하여 편성된 과정

선택 교육과정
고등학교를 대상으로 하고, 교육부장관이 정하는 고등학교 교육과정에 준하여 편성된 과정

만 3세~초등학교 취학 전	초등학교 1학년~중학교 3학년	고등학교 1~3학년
	초등학교 1학년~고등학교 3학년	

기본 교육과정
특수교육대상자의 장애 종별 및 정도를 고려하여 공통 교육과정과 선택과정을 적용하기 어려운 학생을 대상으로 하고, 대상자의 능력에 따라 학년의 구분 없이 교과의 수준을 다르게 적용할 수 있도록 편성된 과정

1 특수교육 기본 교육과정

우리나라는 일반 교육과정에 참여하기 어려운 특수교육대상자를 위하여「유아교육법」 제13조 제2항,「초 · 중등교육법」제23조 제2항,「장애인 등에 대한 특수교육법」제 20조 제1항에 의거하여 특수교육 교육과정을 두고 있다. 특수교육 교육과정은 유치원 교육과정, 공통 교육과정, 선택 교육과정, 그리고 기본 교육과정으로 구성되어 있다.

기본 교육과정은 핵심역량 중심의 교육과정, 학년군을 기반으로 중등도 및 중도 장애학생의 발달단계와 능력을 고려한 수준별 교육과정을 중심으로 한다. 아래 3가지의 중점으로 교육의 기본 방향을 설정하고 하고 있다.

첫째, 기본 교육과정은 공통 교육과정 및 선택중심의 교육과정의 적용이 어려운 지적장애 학생의 발달 수준을 고려한 역량중심의 교육과정으로 개발하였으며, 현재와 미래의 삶 속에서 무언가를 할 줄 아는 실질적인 능력을 기르도록 핵심역량을 제시하였다.

둘째, 지역사회와의 통합에 필요한 핵심역량으로 실생활 및 삶과 연계되어 가도록 하였다.

셋째, 장애학생이 일상생활 및 직업활동을 포함한 미래의 삶에 원활하게 대처하고 적응할 수 있도록 내용을 구성하였다. 현재와 미래 환경에서 독립적으로 생활하는데 필요한 역량을 향상하고자 하였다.

2 기본 교육과정의 주요 내용

기본 교육과정은 초등학교 1학년부터 고등학교 3학년까지 12년간의 것이 편성되며 생활환경가정, 학교, 지역의 기능성을 강조하는 생활중심 교육과정으로 특수교육 대상 학생 교육의 질을 향상시키고자 한다. 주 내용으로는 중도 지적장애 학생의 발달 수준 및 생활연령을 고려하여 자기관리 역량, 지식정보 처리 역량, 창의적 사고 역량, 심미적 감성 역량, 의사소통 역량, 공동체 역량 등 6가지의 핵심역량을 기준으로 구성하였다. 또한 학년군 설정의 목적은 학년 간 상호연계와 협력을 통해 학교 교육과정 편성 · 운영의 유연화 효율화를 기하고 있다.

3 기본 교육과정 통합

기본 교육과정 통합교과는 특수교육 대상 학생이 가정, 학교, 지역사회에서 경험할 수 있는 생활과 관련된 교과이다. 학생의 생활 및 발달 연령을 고려한 다양한 생활 경험을 교육 내용으로 하며, 생활 안에서 경험하는 방식을 교육 방법으로 하여, 생활 안에서의 실질적인 수행을 평가의 내용과 방법으로 한다. 이를 위하여 초등학교 1~2학년 학생이 교육 내용과 방법을 일상생활 안에서 경험할 수 있도록 교육과정을 주제중심으로 통합하여 총체적으로 구성하고, 교육 내용을 내면화하도록 하여 학생 자아의 통합적 성장을 도모한다. 통합교과 교육과정은 1~2학년 학생의 생활 경험을 토대로 8개의 영역, 24개의 핵심 개념, 32개의 내용 요소의 체계를 갖추고, 대주제와 소주제를 중심으로 바른 생활과 슬기로운 생활과 즐거운 생활과의 성격을 담은 활동 주제를 개발하여 구성된 내용이다.

4 기본 교과과정의 교수 학습

① 통합교과의 교수 학습방법은 학생의 강점에 기반을 둔 학습양식을 활용하여 학생의 학습 참여 양과 범위를 확대한다.

② 모든 학생이 장애 유형이나 정도로 인해 교수 학습 과정에서 배재되는 일이 없이 성공적인 학습 경험을 갖도록 한다.

③ 학습 보조 인력을 활용하되, 학생의 능동적인 학습장애를 위해 보조 인력이 학습 과정에 지나치게 관여하지 않도록 한다.

④ 학습내용을 직관적인 방식으로 경험할 수 있도록 구체적이고 단순화하여 제시한다.

⑤ 활동에 대한 선택의 기회와 의사표현의 기회를 제공하기 위해 다양한 유형의 보완 · 대체 의사소통 도구를 적극적으로 활용한다.

⑥ 제한적인 사회문화적 경험으로 인해 학습활동에 소극적일 수 있으므로, 부족한 경험을 다양한 방법과 매체로 최대한 지원한다.

⑦ 새로운 경험을 더 많이 제공하기보다는 익숙한 경험이나 상황들을 재경험하고 확장하도록 한다.

5 통합교과 내용

표 7-4 내용 체계

영역(대주제) : 1. 학교와 나				
핵심 개념 (소주제)	내용 (일반화된 지식)	내용 요소(활동 주제)		
		바른 생활	슬기로운 생활	즐거운 생활
1.1 학교	학교는 친구, 선생님과 함께 생활하는 곳이다.	학교생활 규칙 지키기	학교 일과 살펴보기	학교 모습 표현하기
1.2 몸	나의 몸은 소중하다.	몸 소중히 다루기	몸 살펴보기	몸 표현하기
1.3 나	나와 다른 사람은 같은 점과 다른 점이 있다.	나를 존중하기	나에 대해 탐색하기	나에 대해 표현하기
1.4 친구	친구와 사이좋게 지낸다.	사이좋게 지내기	친구에게 관심 갖기	친구와 놀이하기

영역(대주제) : 2. 가족				
핵심 개념 (소주제)	내용 (일반화된 지식)	내용 요소(활동 주제)		
		바른 생활	슬기로운 생활	즐거운 생활
2.1 집	집은 가족이 함께 생활하는 곳이다.	집안의 물건과 생명 소중히 여기기	집의 모습과 형태 살펴보기	집의 모습과 형태 표현하기
2.2 가족	가족에는 다양한 구성원이 있다.	가족 존중하기	우리 가족 알아보기	우리 가족 표현하기
2.3 가족생활	가족은 서로를 위해 다양한 역할을 한다.	가족을 위한 일 하기	가족과 함께 하는 일 알아보기	가족과 함께 놀이하기
2.4 다양한 가족	우리 주변에는 다양한 유형의 가족이 있다.	다양한 가족 존중하기	다양한 가족 알아보기	다양한 가족 표현하기

영역(대주제) : 3. 마을

핵심 개념 (소주제)	내용 (일반화된 지식)	내용 요소(활동 주제)		
		바른 생활	슬기로운 생활	즐거운 생활
3.1 이웃	우리 주변에는 이웃이 있다.	더불어 생활하기	이웃과 지내는 생활 모습 살펴보기	이웃의 생활 모습 표현하기
3.2 가게	우리 주변에는 다양한 종류의 가게가 있다.	가게 바르게 이용하기	생활에 필요한 물건 찾아보기	가게 모습 표현하기
3.3 공공시설	우리 주변에는 다양한 공공시설이 있다.	공공질서 지키기	공공시설 살펴보기	공공시설 체험하기
3.4 우리 마을	마을의 모습은 다양하다.	우리 마을 소중히 여기기	우리 마을 둘러보기	우리 마을 표현하기

영역(대주제) : 4. 나라

핵심 개념 (소주제)	내용 (일반화된 지식)	내용 요소(활동 주제)		
		바른 생활	슬기로운 생활	즐거운 생활
4.1 우리나라를 대표하는 것	우리나라를 대표하는 것들이 있다.	우리나라를 대표하는 것 소중히 여기기	우리나라를 대표하는 것 살펴보기	우리나라를 대표하는 것 표현하기
4.2 우리나라의 전통문화	우리나라에는 전통문화가 있다.	전통문화 소중히 여기기	전통문화 알아보기	전통문화 즐기기
4.3 여러 나라의 생활	세계에는 다양한 생활과 문화가 있다.	다양한 생활과 문화 존중하기	여러 나라의 생활 모습 살펴보기	여러 나라의 문화 즐기기
4.4 세계는 하나	세계의 여러 나라는 더불어 살아간다.	여러 나라와 더불어 살아가기	세계를 연결하는 교통기관 알아보기	여러 나라가 함께하는 활동 경험하기

영역(대주제) : 5. 봄

핵심 개념 (소주제)	내용 (일반화된 지식)	내용 요소(활동 주제)		
		바른 생활	슬기로운 생활	즐거운 생활
5.1 봄 날씨와 생활	사람들은 봄 날씨에 맞는 생활을 한다.	• 봄철 건강 지키기 • 봄 행사 예절 지키기	• 봄 날씨와 생활 살펴보기 • 봄 행사 알아보기	• 봄 날씨와 생활 모습 표현하기 • 봄 행사 참여하기
5.2 봄의 모습	봄이 되면 자연의 모습이 변한다.	• 봄맞이하기 • 봄의 동식물 소중히 여기기	• 봄 풍경 관찰하기 • 봄 식물 기르기	• 봄 풍경 표현하기 • 봄의 모습 표현하기

영역(대주제) : 6. 여름

핵심 개념(소주제)	내용(일반화된 지식)	내용 요소(활동 주제)		
		바른 생활	슬기로운 생활	즐거운 생활
6.1 **여름 날씨와 생활**	사람들은 여름 날씨에 맞는 생활을 한다.	• 건강한 여름나기 • 배려하는 여름나기	• 여름 날씨와 생활 살펴보기 • 시원한 여름나기	• 여름 날씨와 생활 모습 표현하기 • 여름철 놀이 즐기기
6.2 **여름의 모습**	여름이 되면 자연의 모습이 변한다.	• 여름방학 준비하기 • 안전한 여름방학 보내기	• 여름 풍경 살펴보기 • 여름 동식물 관찰하기	• 여름 풍경 표현하기 • 여름방학 즐기기

영역(대주제) : 7. 가을

핵심 개념(소주제)	내용(일반화된 지식)	내용 요소(활동 주제)		
		바른 생활	슬기로운 생활	즐거운 생활
7.1 **가을 날씨와 생활**	사람들은 가을 날씨에 맞는 생활을 한다.	• 추석 예절 지키기 • 가을 행사 참여하기	• 가을 날씨와 생활 살펴보기 • 가을 행사 알아보기	• 가을 날씨와 생활 모습 표현하기 • 가을 행사 참여하기
7.2 **가을의 모습**	가을이 되면 자연의 모습이 변한다.	• 서로 도우며 함께 살기 • 자연에 감사하기	• 가을 풍경 관찰하기 • 가을 곡식과 열매 찾아보기	• 가을 풍경 표현하기 • 곡식과 열매 표현하기

영역(대주제) : 8. 겨울

핵심 개념(소주제)	내용(일반화된 지식)	내용 요소(활동 주제)		
		바른 생활	슬기로운 생활	즐거운 생활
8.1 **겨울 날씨와 생활**	사람들은 겨울 날씨에 맞는 생활을 한다.	• 건강한 겨울나기 • 어려운 이웃 돕기	• 겨울 날씨와 생활 살펴보기 • 따뜻한 겨울나기	• 겨울 날씨와 생활 모습 표현하기 • 겨울 행사 참여하기
8.2 **겨울의 모습**	겨울이 되면 자연의 모습이 변한다.	• 겨울방학 준비하기 • 안전한 겨울방학 보내기	• 겨울 동식물 알아보기 • 새해 준비하기	• 겨울 동식물 표현하기 • 겨울방학 즐기기

기능 **[바른 생활]** 협동하기 / 계획 세우기 / 습관화하기 / 실천하기 / 다짐하기 / 상호작용하기 / 반성하기
[슬기로운 생활] 둘러보기 / 살펴보기 / 무리 짓기 / 조사하기 / 이용하기 / 발표하기
[즐거운 생활] 표현하기 / 놀이하기 / 경험하기 / 감상하기 / 공연하기

6 진로와 직업 교육

1) 주요 내용

진로와 직업은 자기 탐색, 직업의 세계, 작업기초 능력, 진로의사결정, 진로준비, 직업생활의 6가지 영역으로 구성되며, 기본 교과에 자연스럽게 연계될 수 있도록 하였다.

이 교과의 학습으로 자기관리, 지식정보처리, 창의적 사고, 심미적 감성, 의사소통, 공동체 및 진로 · 직업 등의 핵심역량을 기르고자 한다.

생애주기별 진로발달 단계인 진로인식, 진로탐색, 진로준비 등에 이르는 과정에 기초하여 지역사회 및 직업생활로 나갈 수 있도록 연결하는 전환교육으로의 관점을 강조하고 있다.

2) 진로와 직업 교수 학습

① 학생의 장애 정도와 특성 발달 단계 학습 수준, 관심과 흥미 등을 고려하여 교수 학습을 계획하도록 하며, 학생 중심의 실제적이고 적응 가능한 활동을 제공한다.

② 학생의 자기관리 역량, 지식정보처리 역량, 창의적 사고 역량, 심리적 감성 역량, 의사소통 역량, 공동체 역량, 진로 · 직업 역량을 함양할 수 있도록 계획한다.

③ 기본 교육과정과 창의적 체험활동을 아우르는 통합적 접근과 기본 교육과정 각 교과 간 연계 및 통합을 주도할 수 있는 교과로 계획한다.

④ 진로와 직업과가 갖는 보편성과 특수성을 고려하여 6개 구성 영역의 연계성을 갖도록 한다.

⑤ 내용에 대한 인식, 제한적 상황 속에서의 적용, 지역사회나 현장에서의 실천의 과정에 따라 교수 학습의 결과가 학교 졸업 이후의 삶에 직접적으로 연관될 수 있도록 설정한다.

표 7–5 | 내용 요소

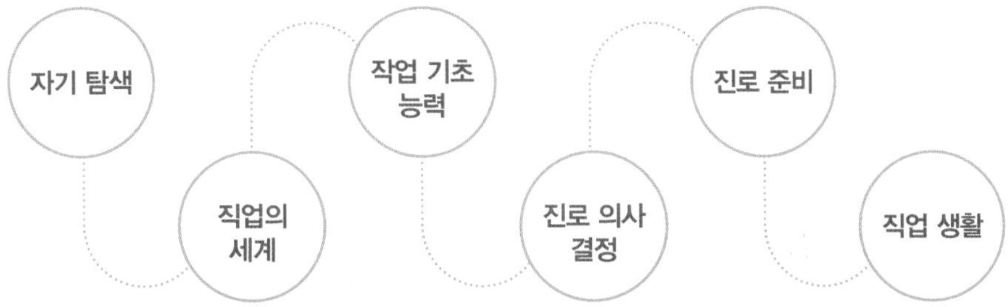

영역 : 자기 탐색

핵심 개념	내용 (일반화된 지식)	내용 요소	
		중 1~3학년	고 1~3학년
자기 이해	행복한 미래 설계와 직업생활의 준비는 자기 이해에서 출발한다.	• 나의 기본 정보 • 나의 장단점 • 행복한 미래 생활의 설계	• 나와 주변 환경 정보 • 나의 직업적 특성 • 행복한 직업 생활 준비
역할과 책임	가정, 학교, 직장에서 자신의 역할과 책임을 수행하는 것은 민주 시민의 기본자세이다.	• 가족구성원의 역할과 책임 • 학생의 역할과 책임 • 배려 · 협동 · 봉사하는 자세	• 미래 가정생활의 준비 • 직장인의 역할과 책임 • 민주 시민의 권리와 의무

기능 기록하기 / 소개하기 / 설계하기 / 실천하기

영역 : 직업의 세계

핵심 개념	내용 (일반화된 지식)	내용 요소	
		중 1~3학년	고 1~3학년
직업의 의의	직업의 종류는 다양하며 사람은 좋아하는 일을 통하여 보람과 행복을 느끼고 자아를 실현한다.	• 일과 보람 • 가족의 직업	• 일과 행복 • 지역사회의 직업과 미래 유망 직업
직업 탐색	직업을 선택하기 위하여 직종별 직업의 특성을 파악하고 개인의 흥미, 적성 등을 고려하는 것이 중요하다.	• 직업 선택 고려 사항 • 농수산업 직종 탐색 • 제조업 직종 탐색 • 서비스업 직종 탐색	• 직업 선택 기준 • 농수산업 직종 탐색과 체험 • 제조업 직종 탐색과 체험 • 서비스업 직종 탐색과 체험

기능 조사하기 / 탐색하기 / 비교하기 / 분류하기 / 설정하기 / 체험하기

영역 : 작업 기초 능력

핵심 개념	내용 (일반화된 지식)	내용 요소	
		중 1~3학년	고 1~3학년
작업 수행	신체기능에 맞는 작업 수행은 작업의 효율을 높인다.	• 작업과 자세 • 단순한 작업의 신체동작	• 정확성, 지속성, 신속성 향상 • 복잡한 작업의 신체동작
작업 도구 및 기기	직종마다 다양한 작업 도구 및 기기가 있으며 이의 효과적인 사용은 작업의 능률을 높인다.	• 농수산업 도구 및 기기의 종류와 기능 • 제조업 도구 및 기기의 종류와 기능 • 서비스업 도구 및 기기의 종류와 기능	• 농수산업 도구 및 기기 사용 • 제조업 도구 및 기기 사용 • 서비스업 도구 및 기기 사용
직업과 정보통신	정보통신기술의 활용은 작업 활동을 편리하고 효율적이게 하며 경험의 폭을 넓힌다.	• 직업과 전화기 사용 • 직업과 컴퓨터 활용	• 직업과 스마트 기기 활용 • 업무에서의 컴퓨터 활용

기능 습득하기 / 수행하기 / 작업하기 / 사용하기 / 활용하기

영역 : 진로 의사 결정

핵심 개념	내용 (일반화된 지식)	내용 요소	
		중 1~3학년	고 1~3학년
자기 결정	자기 결정은 주체적으로 의사를 결정하고 문제를 해결하는 능력이다.	• 의사결정	• 문제해결
직업 능력	개인의 직업 능력을 파악하는 것은 최적의 직업 선택을 가능하게 한다.	• 심리적 특성 • 신체적 특성 • 환경 적응 능력	• 직업 흥미, 적성, 요구 • 작업 수행 능력 • 사업체 적응 능력
전환 계획	전환 계획은 진학 및 사회로의 전환을 위하여 자기의 진로 방향 및 목표를 설정하는 과정이다.	• 특수학교 진학 계획 • 일반고/특성화고 등 진학 계획	• 전공과 및 대학으로의 진학 계획 • 직업훈련기관으로의 전환 계획 • 취업으로의 전환 계획

기능 파악하기 / 수행하기 / 점검하기 / 계획하기 / 선택하기

영역 : 진로 준비

핵심 개념	내용 (일반화된 지식)	내용 요소	
		중 1~3학년	고 1~3학년
진학 및 취업 준비	진학할 학교 또는 취업할 기관을 선택한 후에는 이에 대한 구체적인 정보 수집과 준비과정이 필요하다.	• 고등학교 정보 • 진학 준비	• 진학 및 취업 기관 정보 • 취업 준비
직업 체험	직업 체험과 현장 실습은 선택한 진로에 대한 실제적인 경험을 제공한다.	• 농수산업 직업 체험 • 제조업 직업 체험 • 서비스업 직업 체험	• 농수산업 현장 실습 • 제조업 현장 실습 • 서비스업 현장 실습

기능 수집하기 / 비교하기 / 작성하기 / 체험하기 / 실습하기

영역 : 직업 생활

핵심 개념	내용 (일반화된 지식)	내용 요소	
		중 1~3학년	고 1~3학년
자기 관리	자기관리는 독립적인 직업생활을 위해 개인이 갖추어야 할 기본 능력이다.	• 기본적인 자기관리 • 등하교 • 일과 여가	• 직업인의 자기관리 • 출퇴근 • 직업생활과 여가
작업 태도	정확하고 안전한 작업 수행과 대인관계 능력은 직업인이 갖추어야 할 기본적인 작업 태도이다.	• 간단한 작업 지시 수행 • 대인관계 • 작업 규칙 • 안전한 작업	• 연속된 작업 지시 수행 • 직장에서의 예절 • 직장 규칙 • 직장에서의 안전

기능 수행하기 / 조사하기 / 구분하기 / 실천하기 / 점검하기

– 2015 특수교육 교육과정 해설자료, 교육청

3 개별화 교육

1 개별화교육의 정의 및 목표

정형화 되어 있는 교육과정을 누구에게나 적용하기에는 다소 무리가 있다. 장애아동들의 경우 그 능력의 범위가 비장애아동에 비해 넓기 때문에 교육 서비스의 방법을 달리 가져가야 한다. 장애아동은 개인의 능력과 교육의 요구수준에 따라서 정확하게 장애의 정도와 특성을 파악하고 그에 맞는 개별화교육 프로그램이 진행되어야 한다.

개별화교육계획은 「장애인 등에 대한 특수교육법」에 의거하여 특수교육대상자 개개인이 지닌 교육적 요구에 적합한 교육을 제공하기 위해 작성하는 법적 문서이다. 개별화교육계획은 교육 현장에서 특수교육대상자의 교육의 질을 보장하고, 특수요구의 내실화 및 효율화를 높일 수 있는 문서이다.

개별화교육 프로그램IEP : Individulized Education Program은 장애아동뿐만 아니라 비장애아동 모두에게 각자의 능력과 요구에 맞는 교육을 제공하기 위한 방법이다. 장애아동의 경우 개인 간의 차가 심하기 때문에 보다 효과적으로 구체적인 교육의 특성에 맞게 고안 및 제공되어야 하며, 장애아동들이 가지고 있는 능력을 최대한 발휘하도록 계획하여 적용해야 한다.

개별화교육 프로그램에서는 개별화, 교육, 그리고 프로그램을 장애아동들에게 맞도록 계획하고 실행해야 한다. 장애아동이 가진 개인차와 장애로 인한 발달상의 개인차로 인해 일반적인 교육과정으로 그들의 능력이나 교육적 요소를 모두 충족시키기 어려우므로 그들에게 맞도록 평가하고 계획하고 실시하는 것이다. 개별화라는 것은 특수교육대상자들이 가진 개별적인 특성을 고려해야 한다. 교육은 연령별 교육과정과 특수교육 서비스에서의 교육을 의미하며, 이 안에는 교육목표, 교육내용, 교육방법, 그리고 평가계획이 포함된다.

2 개별화교육계획의 기능

① 특수교육대상자를 위하여 특별히 고안된 교육으로 교육과정 및 특수교육 관련서비스를 보장하기 위한 계획서이다.

② 특수교육대상자의 교육방향을 제시하는 계획서이다.

③ 특수교육대상자의 교육 성취를 점검하고 평가하는 평가 계획서이다.

④ 특수교육대상자 및 보호자의 권리를 옹호하는 주요 문서이다.

⑤ 개별화교육지원팀의 개별화교육계획의 실행에 대한 책무성을 강화하는 실질적인 문서이다.

⑥ 개별화교육지원팀의 협력적 체계 구축 및 의사소통을 돕는 문서이다.

3 「장애인 등에 대한 특수교육법」의 개별화 교육

제2조 정의

개별화교육이란 각급 학교의 장이 특수교육대상자 개인의 능력을 개발하기 위하여 장애유형 및 장애특성에 적합한 교육목표, 교육방법, 교육내용 특수교육 관련서비스 등이 포함된 계획을 수립하여 실시하는 교육을 말한다.

제22조 개별화교육

① 각급 학교의 장은 특수교육대상자의 교육적 요구에 적합한 교육을 제공하기 위하여 보호자, 특수교육교원, 일반교육교원, 진로 및 직업교육 담당 교원, 특수교육 관련 서비스 담당 인력 등으로 개별화교육지원팀을 구성한다.

② 개별화교육지원팀은 매 학기마다 특수교육대상자에 대한 개별화교육계획을 작성하여야 한다.

③ 특수교육대상자가 다른 학교로 전학할 경우 또는 상급학교로 진학할 경우에는 전출학교 또는 전입학교에 개별화교육계획을 14일 이내에 송부하여야 한다.
④ 특수교육교원은 제1항부터 제3항까지의 규정에 따른 업무를 수행하기 위하여 각 업무를 지원하고 조정한다.
⑤ 개별화교육지원팀의 구성, 개별화교육계획의 수립 · 실시 등에 관하여 필요한 사항은 교육부령으로 정한다.

4 개별화교육계획의 구성요소

① 개별화교육계획에서는 특수교육대상자의 인적사항을 포함해야 한다.
② 특수교육대상자의 특별한 교육지원이 필요한 영역의 현재 학습 수행수준, 교육목표, 교육내용, 교육방법 및 평가계획을 포함해야 한다.
③ 특수교육대상자의 특수교육 관련서비스의 내용과 방법 등을 포함해야 한다.
④ 특수교육대상자의 효율적인 교육을 위한 기타 필요한 사항을 포함한다.

1) 인적사항

인적사항에는 개인정보, 개별화교육계획의 시작일과 종료일, 진단 및 평가를 포함한 장애전반에 관련된 정보, 특수교육대상자의 흥미 및 강점, 약점, 보호자의 희망사항 등 개별화교육계획 수립 시 일반적으로 알아야 하는 정보를 포함하고 있다.

2) 현행수준

장애아동의 현행수준을 정확하게 파악하는 것은 지금의 수준을 기준으로 교육의 목표를 잡아가며, 장애아동의 발전 정도를 파악하는 중요한 역할을 하게 된다. 현재 학습 수행수준은 구체적인 교육지원이 필요한 영역에 대하여 개별화교육지원팀이 모두 이해할 수 있도록 구체적으로 서술한다.

표 7-6 | 활용예시

사회	원예치료 : 식물 심기
스스로 식사를 한 경험이 없으며, 가정에서 매 식사 시에 조모가 숟가락에 밥과 반찬을 놓아 입에 넣어주면 먹는다.	손으로 흙을 만질 수 있으며, 숟가락을 이용하여 흙을 화분에 담을 수 있다. 1~10까지 숫자를 셀 수 있으며, 지시하는 숫자만큼 도구를 이용하여 흙을 화분에 담을 수 있다.

3) 교육목표

① 교육목표는 연간목표와 학기별 목표를 제시한다. 교육목표는 학생이 궁극적으로 도달해야 할 방향을 제시함으로써 매일 매일의 학습이 더 의미 있게 구성되도록 한다.

② 아동의 과거 성취 정도, 현행수준, 목표의 현실성, 아동의 우선순위, 할애 수업 시간을 고려하여 각 교과영역마다 포괄적인 문장으로 서술한다. 중증 장애아동의 경우 신체적 발달상의 이변이 생길 수 있으므로 3~4개월 주기로 장기목표를 쓰는 것이 현실적이라고 볼 수 있다.

③ 단기목표의 경우 구체적이고 측정 가능한 세부목표를 행동적인 문장으로 작성하며, 단기 교육목표 설정에는 장기 교육목표를 체계적으로 분석하는 과제분석 방법을 많이 사용한다.

4) 교육목표의 서술 방법

① 교육목표는 하나의 의미만을 전달할 수 있도록 명료하게 객관적인 용어로 측정 가능하게 기술한다.

② 교육목표는 수업을 받은 결과의 측면에서 학생 중심으로 기술해야 하며, '무엇을 가르칠 것인가?'가 아닌 '무엇을 학습할 것인가?'의 시각에서 기술한다.

③ 관찰 가능하고 측정 가능한 교육목표를 진술하기 위해서는 행동이 수행될 조건,

수업의 결과로서 학생들이 성취해야 될 행동, 학습활동의 성취 여부를 결정할 기준 또는 수준이 들어 있어야 한다.

5) 교육 내용

현행수준을 기초로 하여 교육목표에 도달할 수 있는 교육내용을 기술한다. 교육내용은 실제 가르치는 내용을 의미하며, 목표와 매우 유사하게 서술하고, 교과목 간의 연관성, 교수방법, 생활연령 등을 고려하도록 한다.

표 7-7 | 학기별 교육내용 (원예치료 프로그램)

장기목표[연간]

[**주어진 흙을 숟가락을 사용하여 20분 안에 모두 화분에 옮겨 담을 수 있다.**]

1학기	2학기
학기별 목표 주어진 흙을 숟가락을 사용하여 20분 안에 모두 화분에 옮겨 담을 수 있다.	**학기별 목표** 주어진 흙을 숟가락을 사용하여 20분 안에 모두 화분에 옮겨 담을 수 있다.
교육내용 • 숟가락잡기 • 숟가락으로 흙을 뜨기 • 숟가락으로 흙을 떠서 화분으로 옮겨 넣어주기	**교육내용** • 숟가락으로 한번 뜰 수 있는 만큼 떠보기 • 흙 대야를 한손으로 고정하기 • 숟가락으로 흙을 떠서 화분으로 옮기기

6) 교육방법

① 대상자의 개별적 요구에 부응할 수 있는 교육방법을 선택하며, 보편적 설계 개념에 입각한 교육방법을 우선적으로 고려한다. 지나치게 개별화된 교육방법은 분리를 초래할 수 있으며, 교사의 부담을 가중시켜 실현시키기 어려울 수 있다.

② 교수 · 학습방법 : 토론식 수업, 직접교수법, 협력교수모델링, 촉진, 자기점검, 행동형성, 기억전략 등
③ 교수매체[자료 포함] : 시청각 자료, 구체물, 점선노트, 자 · 모음 촉각자료, 개별 학습지, 그림책 등
④ 교수집단 : 전체학습 교수, 또래 교수, 1:1 수업, 교사 주도적 소집단 교수, 협동학습 집단, 학생 주도적 소집단 등
⑤ 기타 교육 내용을 교육 목표에 맞게 가르치기 위해 사용할 수 있는 방법

7) 평가 계획

개별화교육계획에는 교육목표 달성 여부에 대한 평가계획을 포함해야 한다. 평가계획은 평가담당자, 평가시기와 같은 일반사항과 교육목표 달성 여부를 어떻게 판단할 것인가에 관한 평가준거를 포함해야 한다. 또한 평가결과를 보고하고 평가결과에 대한 최종진술이 필요하다. 평가는 객관적인 결론을 내릴 수 있도록 다양하고 타당한 방법을 사용해야 하며, 평가준거를 제시할 때는 측정 가능한 방법을 제시해야 한다.

8) 특수교육 관련 서비스

아동의 현행 수준, 교육목표 등을 기초로 하여 필요한 특수교육 환경에 대상자를 배치하며, 아동의 교육적 가능성을 최대한 이끌기 위한 교육적 환경에 서비스를 제공해야 한다. 관련 서비스가 필요하다고 결정된 경우에는 서비스의 유형, 서비스 제공기간과 정도 그리고 제공 담당자를 함께 명시한다.

• 특수교육 관련 서비스 내용 : 가족지원, 치료지원, 보조교사, 통학지원, 학습자료 지원, 정보접근지원, 기숙사 등

표 7-8 | 월별 개별화 프로그램 기록지

(4)월 (일상생활) 개별화 프로그램

지도교사 정○○ ____________ **학교** ____ **학년** ____ **반** **학생명** ____________

	주목표	지도내용	현재 수준	지도후 수준	지도 장소	지역사회 협력기관	적용결과
1주	빗자루로 바닥을 쓸 수 있다.	비의 용도 알기(외부용, 내부용)	3	4	학습 지원실 1	발달 센터	비를 외부용과 내부용으로 구분하여 비질을 할 수 있으며, 먼지나지 않도록 비를 이용하여 쓸 수 있음.
		비로 쓸어 갈 때 같은 방향으로 쓸기	4	5			
		쓸어서 한곳으로 모으기	3	4			
		먼지나지 않도록 조심하여 쓸기	2	3			
2주	쓰레받기를 사용하여 쓰레기를 담는다.	쓰레받기의 사용법을 알기	3	4	〃	〃	쓰레받기는 비와 짝을 이루고 있음을 알며, 모아둔 먼지를 조심스럽게 담을 수 있음. 또한 쓰레받기에서 먼지가 떨어지지 않았으면 휴지를 이용하여 먼지를 닦아 낼 수 있음.
		모아진 먼지를 비로 쓸어 쓰레받기에 담기	2	3			
		쓰레받기 먼지를 통에 버리기	4	5			
		쓰레받기 확인하기	3	4			
		휴지로 쓰레받기 닦기	2	4			
3주	걸레로 바닥을 닦는다.	걸레 빨기	3	4	〃	〃	손걸레를 빠는 것이 가능하며, 손의 힘으로 걸레를 짜는 것도 가능함. 뱃살이 있어서 밀대를 이용하여 청소하는 것을 선호함.
		걸레 짜기	2	4			
		차례로 닦기(순서를 정하기)	2	3			
		밀대를 사용하기	2	3			
		밀대에서 걸레 빼기	2	3			
4주	걸레로 주변의 먼지를 닦는다.	걸레의 용도 알기	3	4	〃	〃	선반에서 물건을 하나씩 들어 아랫부분을 닦을 수 있으며, 닦은 후에 다시 제자리 정리 하는 것이 가능함.
		선반이나 먼지가 있는 곳 찾기	2	4			
		물건 들어 올리고 먼지 닦고 다시 올리기	2	4			
		걸레 접기	2	4			
		걸레의 먼지 정도를 살피기	2	3			
5주	청소기를 사용하여 청소한다.	청소기를 두는 곳 알기	3	4	〃	〃	청소기를 들고 주변을 밀어가면서 사용하기를 해결하였으며, 플러그를 찾아서 꽂고 다시 빼는 것을 수행할 때는 도움이 필요함.
		청소기 작동법 알기	3	4			
		플러그를 안전하게 꽂고 빼기	3	4			
		청소기 사용하여 청소하기(밀기)	2	4			
		청소기 정리하기	2	3			
평가		물 만지기를 좋아함. 걸레를 빨거나 정해진 곳에 정리하는 것에 있어서는 언어적 지시만으로 수행하는 것이 가능하였음. 먼지를 조심스럽게 쓸어 가는 것을 조금 힘들어 하며, 중간 중간 먼지가 따라가지 못하기도 함. 비 사용법을 익히면서 쓸어 가는 것에서 긍정적인 변화를 보여주었음. 걸레로 선반을 닦고 다시 제자리에 물건을 올리는 작업에서 처음의 위치를 기억하고 다시 같은 곳에 올려 두는 것에 어려움이 없음. 청소기를 사용하기에서도 작동법을 반복하여 함께 익히면 어렵지 않게 사용을 하였으며, 청소기의 전선줄을 끌어가면서 청소를 하는 것이 가능하였음. 하지만 플러그를 빼거나 넣을 때 담당자의 도움이 필요할 것으로 보여짐. 청소를 하고 마무리까지 전체적으로 80%를 간단한 언어적 지시만으로 수행 가능함.					

(평가척도) 1 : 전혀 수행할 수 없다. 2 : 많은 도움과 지속적인 지도가 있을 때 수행 가능하다. 3 : 50% 정도 수행 가능하나 도움과 지도가 필요하다. 4 : 약간의 도움과 기회가 주어지면 수행 가능하다. 5 : 혼자 스스로 수행 가능하다.

4 지적장애

1 지적장애의 정의

인간은 누구나 가지고 있는 자원도 다르고, 모습도 다르다. 그럼에도 과거에는 다양한 이유를 가지고 차별해 왔다. 이러한 다양성을 무시하고 차별적 표현으로 장애를 멸시하는 제도 속에서 지내왔다. 점차 발전된 사회 속에서 편견과 차별이 아닌 다양성에 대한 존중이 자리잡아 가고 있다. 지적장애라는 단어의 변화는 그 발전의 한 부분으로 볼 수 있다.

지적장애는 백치, 치우, 우둔이라는 용어로 사용되기도 하였다. 1999년을 기점으로 정신박약에서 정신지체로, 다시 지적장애로 변경되었다. 2007년 1월부터 미국정신지체협회AAMR : American Association on Mental Retardation도 미국지적장애 및 발달장애협회AAIDD : American Association and Intellectual and Developmental Disabilities로 변경된다.

우리나라도 1977년 「특수교육진흥법」이 제정될 당시 지적장애가 정신박약으로 표기되어 있었으며, 1994년 「특수교육진흥법」이 개정되면서 정신지체로 명명되었으며, 2007년 「장애인복지법」의 개정으로 지적장애로 명칭이 변경되었다. 하지만 2008년 시행된 「장애인 등에 대한 특수교육법」에서 그 명칭이 정신지체로 쓰여지고 있어 명칭 사용에 있어 다소 혼란을 가져오기도 하였다. 2016년 「장애인 등에 대한 특수교육법」에서 정신지체가 지적장애로 용어가 변경되어 공포되었다.

2002년 AAIDD에서 지적장애는 지적 기능성과 개념적, 실제적 적응 기술로서 표현되는 적응행동 양 영역에서 유의한 제한성을 가진 것으로 정의되었다. 이 장애는 18세 이전에 시작된다.

우리나라의 「장애인 등에 대한 특수교육법」에서는 지적기능과 적응행동상의 어려움이 함께 존재하며, 교육적 성취에 어려움이 있는 사람으로 정의하고 있다.

표 7-9 | 10가지의 구체적인 적응기술 영역 (American Association on mental Retardation, 1992)

의사소통 **communication**	상징적 행동(예 : 구어, 문어/바른 철자, 수화) 혹은 비상징적 행동(예 : 얼굴 표정, 몸동작, 접촉, 제스처) 등을 통해서 정보를 이해하고 표현하는 능력을 포함한다.
자기관리 **self-care**	화장실 이용, 먹기, 옷 입기, 위생, 몸 단정하기 등의 신변처리에 필요한 기술이다.
가정생활 **home-living**	옷 손질, 살림살이, 소유물 관리, 음식준비와 요리, 물건을 사기 위한 계획과 예산 짜기, 가정의 안전, 일과 시간표 짜기를 포함하는 가정 안에서의 기능성과 관계가 있다.
사회적 기술 **social skill**	상호작용의 개시와 종료, 감정인지, 긍정적 · 부정적 피드백을 제공하는 것, 자신의 행동을 규제하는 것, 남을 돕기, 우정과 사랑을 형성하고 증진하기, 남의 요구에 부응하기, 선택하기, 나누기, 충동 통제하기 등 다른 사람과의 사회적 교류에 관련된 것이다.
지역사회 활용 **community use**	지역사회 안에서 이동하기, 가게와 시장에서 식료품 및 물건사기, 대중교통, 학교, 도서관, 공원과 오락영역, 공공 편의시설을 이용하는 것과 관련된다.
자기주도 **self-direction**	선택하기, 일정표 배우고 따르기, 환경, 조건, 일정표, 개인적인 흥미에 적합한 활동을 개시하는 것, 필수적인 혹은 요구된 과제를 완결하는 것, 새로운 상황에서 직면한 문제를 해결하는 것, 적절한 주장과 자기옹호 기술을 나타내는 것과 관련된다. 모든 일을 자기 스스로 하는 자율성과 관련된 기술이다.

건강과 안전 health and safety	식사, 병의 판별과 처치 및 예방, 기본 응급처치, 성, 신체적 건강관리, 기본적인 안정성 고력하기, 개인적인 습관의 관점에서 개인의 건강 유지와 관련된다.
기능적 교과 functional academics	개인의 생활에 직접적 적용이 되는 인지적 능력 및 기술이다. 이 기술의 초점은 학년 수준의 학업성취가 아니라 오히려 독립된 생활의 견지에서 기능적인 학업기술이 획득되어야 함을 주지하는 것이다.
여가 leisure	다양한 여가와 오락적(예 : 혼자만의 오락과 상호작용적인 오락) 흥미의 개발은 개인의 선호성과 선택을 반영하고, 공적으로 여가활동을 행하면 연력과 문화적 규준을 반영한다.
직업 work	특정 직업기술, 적절한 사회적 행동, 직업과 관련된 기술의 견지하에 지역사회에서 직업을 시간제나 전일제로 가질 수 있는 것과 관련된다.

2 지적장애의 분류

지적장애는 일반적으로 지능지수와 적응행동에 따라 분류된다. 하지만 이런 분류 자체의 문제점이 지적되기도 한다. 분류 자체를 차별적 요소가 깔린 표현으로 보기 때문이지만 교육적 · 의학적 차원에서는 목적에 따라서 지적장애를 분류하고 있다. 현재 가장 널리 사용되는 방법은 지적기능과 적응행동에 따라 경도 지적장애, 중등도 지적장애, 중도 지적장애, 최중도 지적장애 그리고 불특정 지적장애로 분류하고 있는 AAMR의 분류법이다. 1992년 미국정신지체협회에서는 개인이 생활하는 데 얼마만큼의 지원을 필요로 하는 가에 따라 지적장애를 분류하는 시스템을 추천하였다.

표 7-10 지원의 수준 (American Association on mental Retardation, 1992)

분류	지원의 수준
간헐적 지원 intermittent	필요로 할 때만 단기적으로 지원한다. 개인은 항상 지원을 필요로 하지 않거나, 인생의 전이(transition)시기(예 : 실직, 심각한 의료적 위기 상황에 직면)에 단기간의 지원을 필요로 한다. 간헐적 지원은 고강도 혹은 저강도로 제공된다.
제한적 지원 limited	시간에 걸쳐 일관성을 지니나 간헐적인 것이 아닌 시간 제한적인 것을 특징으로 지원의 강도(예 : 시간제한적 고용훈련, 학교에서 성인기로의 전이적 지원 제공시기)를 조절한다.
확장적 지원 extensive	적어도 몇몇 환경(직장 혹은 가정)에서 정규적으로(예 : 매일) 요구되는 지원이 특징이며, 시간제한적은 아니다(장기간의 지원과 장기간의 가정생활지원).
전반적 지원 pervasive	항구성과 고강도의 지원이고, 전반적 환경에 걸쳐서 제공되며, 잠재적으로 삶을 유지하는 데 필요한 성격을 갖는 것이 특징이다.

「장애인복지법」에서는 지적기능과 지원정도에 따라 등급을 다음과 같이 구분하고 있다.

표 7-11 「장애인복지법」에 따른 지적장애 분류

제1급	지능지수 35 미만인 사람으로 일상생활과 사회생활의 적응이 현저하게 관란하여 일생동안 타인의 보호가 필요한 사람
제2급	지능지수 35 이상 50 미만인 사람으로 일상생활의 단순한 행동을 훈련시킬 수 있고, 어느 정도의 감독과 도움을 받으면 복잡하지 아니하고 특수기술을 요하지 아니하는 직업을 가질 수 있는 사람
제3급	지능지수 50 이상 70 이하인 사람으로 교육을 통한 사회적 · 직업적 재활이 가능한 사람

3 지적장애 아동의 특징

1) 지적지능의 특징

인지적인 측면에서 지적장애 아동을 살펴보면, 기억력 약화, 자기통제력 결여, 추상적 능력 제한, 관계의 이해와 연계성 부족, 언어 능력 부족, 새로운 환경에서의 적응 능력 부족, 분석 종합 능력 부족 등을 대표적으로 볼 수 있다.

또한 인지발달의 특성과 인지학습 과정에서 모두 결함을 보일 수 있다. 특징적으로

① 투입정보의 조직화 ② 감각수용과 주의집중력 ③ 단기기억과 장기기억 ④ 학습의 전이 ⑤ 개념적이거나 추상적인 학습 등을 볼 수 있다.

2) 적응행동의 특징

적응행동의 측면에서 지적장애 아동을 살펴보면 실패에 대한 기대, 외부적 통제와 무기력, 사회적 상호작용의 부족, 자아기능의 결핍, 고착화된 행동 등을 볼 수 있다.

4 지적장애 아동의 교육을 위한 교수방법

지적장애 아동의 최종적 교육목표는 사회적 자립이다. 당당한 사회의 한 구성원으로 자립할 수 있도록, 지적장애인이 가지고 있는 자원을 개발할 수 있도록 그들의 능력을 최대한 이끌어 낼 수 있도록 교육해야 할 것이다. 지적장애인이 가진 지적 능력의 부족을 이해하여, 생활중심 교육과 기능을 발달시킬 수 있는 교육을 중점으로 삼아야 할 것이다.

1) 보편적 학습설계

지적장애인이 가진 개인차는 너무나 다양하기에 시각적, 청각적 또는 두 가지를 모두 사용하는 등 다양한 수단을 제공해야 한다. 또한, 다양한 방식으로 자신의 의사를 표현할 수 있도록 하며, 흥미를 유발할 수 있는 동기부여 요소를 찾아간다.

2) 교육공학과 보조공학의 활용

가르치기 위한 목적으로 교육자료를 준비하며, 장애를 보상하도록 도와 줄 수 있는 기능적 도구를 사용하도록 한다.

3) 긍정적 행동의 지원의 적용

응용행동 분석과 긍정적 행동지원을 통하여 아동의 환경을 재설계하고, 삶의 질을 강화하기 위한 체제변경 방법을 적용하도록 한다.

5 자폐성장애

1 자폐성장애의 정의

2000년대 뇌 과학이 발달되기 전까지 자폐성 아동은 일반적으로 부모와의 애착 문제로 인해 발생한다고 생각되었다. 자폐는 신경학적 장애로, 뇌의 생화학적 불균형 등에 의한 영구적 장애이다. 자폐성장애 아동들은 감각적인 문제, 의사소통, 반복적인 행동, 부적절한 행동, 지적능력의 차이 등 특성이 매우 다양하여 프리즘을 통한 자폐적 성향을 보는 것과 같다고 한다.

「장애인 등에 대한 특수교육법」

'자폐성장애란 타인과 의사소통이나 사회적 상호작용이 어렵고 일과 변화를 지나치게 싫어하며, 특정 행동가령 손이나 머리 흔들기, 꼬집기, 머리박기 등을 계속해서 반복하거나 사물의 특정 부위에 지나치게 관심을 갖고 집착하는 행동을 하는 아동'이라고 한다.

「장애인복지법」

'소아기 자폐증, 비정형적인 자폐증에 따른 언어 · 신체적 표현 · 자기조절 · 사회적용 기능 및 능력의 장애로 인하여 일상생활이나 사회생활에 상당한 제약을 받아 다른 사람의 도움이 필요한 사람'으로 정의하였다.

「DSM-5」

DSM-5의 가장 큰 특징은 DSM-IV-TR[2000년] 진단기준의 하위 범위였던 자폐성장애, 아스퍼거장애, 레트장애, 소아기 붕괴성 장애, 비전형적 · 전반적 발달장애를 하나의 연속된 장애로 인정하고 자폐스펙트럼이라는 용어를 사용하고 있는 점이다.

표 7-12 | DSM-5의 자폐스펙트럼 장애의 진단기준

A 사회 의사소통과 상호작용에서 보이는 지속적인 결함

① 사회-정서적인 상호성에서 보이는 결함(비정상적인 사회접근, 상호 주고 받는 대화나누기에 어려움, 제한적인 흥미, 감정, 혹은 정서 등을 공유하지 못함, 사회적 상호작용 중 적절한 대응이나 개시 반응 못함)
② 사회적 상호작용을 위한 비언어적 의사소통 행동에서의 결함(언어적 · 비언어적 의사소통이 어려우며, 눈 맞춤과 신체언어 사용이 비정상적임, 몸짓, 얼굴 표정의 이해와 사용에서의 전반적인 문제)
③ 인간관계를 형성하고, 이해함에 있어서 결함(사회적 맥락에 어울리는 행동조정이 어려움, 상상놀이를 공유하거나 친구 형성이 어려움, 또래에 대한 흥미 결여)

B 제한적이고 반복적인 행동 패턴이나 관심, 활동이 현재 또는 과거에 대해 아래 중 2항목 이상으로 표현

① 상동적 혹은 반복적 동작 운동, 사물의 사용, 혹은 언어 사용(물건 일렬로 세우기, 특정 구문 반복, 반향어증, 개인 특유의 문구사용 등등)
② 항상 같은 방식을 요구함, 일과 중에 일어나는 일들에서 의식적인 패턴 요구, 언어 또는 비언어에 대한 융통성 없는 집착
③ 집중도나 강도에 있어 비정상적인 제한적이고 고정된 흥미
④ 감각적으로 민감하거나 둔감한 반응 혹은 환경 속에서 특정 감각 양상에 특이한 관심

C 초기 발달 기간 동안 증상이 나타나야 함

D 증상이 사회적, 직업적 또는 현재 기능 중 여타의 중요한 영역에서 임상적으로 유의한 손상을 초래함

E 이러한 장해가 지적장애 또는 전반적인 발달지연으로 더 잘 설명되지 않음

자폐스펙트럼이라는 용어는 지능, 사회적 의사소통 손상 정도에 따른 연속선상에 있는 장애로 인정하고 있는 것을 의미한다.

2 자폐성장애의 특징

1) 영유아기 발달적 특성

소근육 발달에서는 또래와 크게 다르지 않지만 언어, 인지 사회성, 의사소통 기술능력의 지체를 보이기 시작한다. 사회적 상호작용에 대한 관심 부족과 호기심 부족이 보여지며, 신체발달이 늦어지면서 걷기와 대소변 가리기도 늦어진다.

행동적 특징으로는 외부자극에 반응이 없거나 편식, 이식증의 문제 행동을 보이기 시작한다.

2) 인지적 특성

자폐성 아동의 70% 이상이 중등도 지적장애를 동반하여 학습, 기술을 익히는 과정에서 다소 긴 시간이 필요하다. 10%의 서번트 증후군으로 특정 영역에서의 집중을 보이는 경우도 있다. 따라서 다양한 인지적 특성을 고려하여 교육적 계획을 수립하고 적합한 환경을 제공하는 것이 중요하다.

3) 사회적 특성

가장 주된 특징으로 상호작용을 위한 비언어적 의사소통을 사용하는 데 어려움이 있어, 또래와의 소통이나 관계 형성에서 사회적 결함을 보이게 된다. 다른 사람들과의 나눔이나 사회적 언어 사용에 있어서의 결함을 가져오게 되므로 통합적 교육이 필요하게 된다.

4) 언어적 특성

영 · 유아기에는 호명에 반응하지 않으며, 반향어를 사용한다. 아동기에는 은유나 농담을 이해함에 어려움이 있으며, 새로운 용어의 사용을 이해하기 어려워한다. 성인기 이후에도 지속적으로 함축적 뜻을 이해하기 어려워하며, 적절한 단어를 찾는 시간이 오래 걸리게 된다.

5) 행동적 특징

일정한 패턴의 행동을 반복적으로 고집하는 운동성 결함이 동반되어 나타난다. 신체 일부분을 사용하여 반복적인 행동을 하거나 반복되는 일상활동이나 사건에서 변화 없이 고정적으로 반복하려고 한다.

6) 감각 특성

특정 감각에 강한 예민감을 보이거나 둔감한 반응을 보인다. 시각, 청각, 촉각 및 후각 등에서 예민한 반응을 보인다. 자폐성아동의 감각은 개인마다 다르긴 하지만 감각수용이 비장애인에 비해 공통적으로 다른 방식으로 기능한다.

참고문헌

I. 원예치료와 정신건강

- 권준수 역, 2013, 정신질환의 진단 및 통계편람. 학지사.
- 김수지, 양수, 이숙 외. 2007. 원리 및 실무중심의 정신간호학, 수문사.
- 손기철, 조문경, 송종은 외. 2012. 전문적 원예치료의 실제, 쿠북.
- 이광자, 이숙, 김경희, 민소영 외. 2011. 정신간호의 실제. 신광출판사.
- 이숙. 2016. 사무직의 스트레스 관리를 위한 대인돌봄 원예활동 프로그램. 단국대학교, 국립원예특작과학원. 다온출판사.
- 이숙, 김순오, 김희정, 최윤정 외. 2018. 정신건강간호학. 신광출판사.
- 최영애. 2003. 원예치료. 학지사.
- Rebecca L, Haller, christine L. Kramer. 2010. 원예치료 방법. 학지사.

II. 치료적관계의 이해를 돕는 심리상담

- 김동일 외. 2014. 청소년 상담학개론. 학지사.
- 김영애. 2010. 사티어 빙산의사소통. 김영애가족치료연구소.
- 윤혜상 역. 2000. 의소소통 및 인간관계. 청구문화사.
- 이광자 외. 2006. 정신간호총론. 수문사.
- 이부영. 1998. 이부영박사의 정신건강이야기. 정우사.
- 이장호. 1993. 상담면접의 기초. 중앙적성출판사.
- 이형득. 1992. 상담이론. 교육과학사.
- 이형득. 1989. 상담의 이론적 접근. 형설출판사.
- 이혜성. 1980. 완전한 카운슬러. 이대출판부.
- 정원식, 박성수, 김창대. 1999. 카운슬링의 원리. 교육과학사.
- 홍경자. 2001. 상담의 과정. 학지사.
- 한국심성교육개발원 편. 1996. 상담학 개론. 서울 : 한국심성교육개발원.
- 한국심성교육개발원 편. 1996. 인간관계론. 서울 : 한국심성교육개발원.
- Egan. J 저, 제석봉, 유계식, 박은영 공역. 1997. 유능한 상담자. 학지사.
- G. Corey 저, 조현춘, 조현재 공역. 2003. 심리상담과 치료의 이론과 실제. 시그마프레스.
- Harold L Hackney 저, 임성문외 공역. 2004. 심리상담의 과정과 기법. 시그마프레스.

III. 돌봄의 이해

- 강성례, 박정호. 2002. 간호전문직에서의 역할의 개념분석. 간호행적학회지 제8권 제3호 431-439.
- 고자경. 1987. 간호전문성 준거와 교육과정 요인의 체제적 상관연구. 박사학위논문. 연세대학교
- 권용진, 손상식, 임영덕. 2012. 환자의 소비자로서 권리. 보건행정학회지 제22권 제3호 315-346.
- 김수지. 2017. 사람돌봄. 수문사.
- 네이버 지식백과 영양학 사전. 2018, https://terms.naver.com/entry.nhn?docId=369202&cid=50317&categoryId=50317
- 노현기. 2013. 전인적 치유를 위한 의료인의 영적 돌봄의 필요성. 석사학위논문. 가톨릭대학교 대학원.
- 송명자. 1995. 발달심리학. 학지사.
- 이상미. 2006. 대상자별 원예치료의 효과와 수익접근법적 경제가치분석. 박사학위논문. 단국대학교 대학원.
- 이숙, 김순오, 김희정, 최윤정 외. 2001. 정신건강간호학. 신광출판사. p38-42.
- 이숙진. 2011. 돌봄노동의 제도화와 여성들의 차이. 한국여성연구소. 11(2):49-83

- 이한슬기. 2016. 의료소비자의 환자안전인식에 영향을 미치는 요인 : 환자안전인식과 알권리, 자기결정권과의 관계. 연세대학교 보건대학원 석사학위논문.
- 이화자. 1995. 대학간호교육목표의 시안개발. 한국간호교육학회지. 1(1), 32~45
- Fawcett, J. 1978. The relationship between theory and research: a double helix. Advances in Nursing Science, 1(1), 4-62.

IV. 재활의 이해

- 대한간호학회. 1996. 간호학대사전. 한국사전연구사.
- 대한치매학회. 2006. 치매 임상적 접근. 아카데미아.
- 박창일과 문재호. 2007. 재활의학. 한미의학.
- 서강훈. 2013. 사회복지 용어사전. 이담북스.
- 손기철 외. 2006. 전문적 원예치료의 실제. 쿠북.
- 연세대학교 의과대학 재활의학교실. 2014. 재활의학. 한미의학.
- Rusk H.A. 1949. Rehabilitation. JAMA 140:286-292
- 대한작업치료사협회 www.karm.or.kr

V. 작업치료의 이해

- 김미영, 제의숙 등. 2012. 원예작업치료의 이론과 적용. 이담북스.
- 박수현. 2009. 작업치료사를 위한 임상지침서. 군자출판사.
- 오명화, 고유정 등. 2015. 작업치료의 이해. 범문에듀케이션.
- Gary kielhofner. 2010. 작업치료의 이론. 영문출판사.

VI. 원예치료와 사회복지

- 권중돈 외. 2016. 사회복지개론. 학지사.
- 김기태 외. 2006. 사회복지실천론. 양서원.
- 김동진. 2014. 다문화복지. 양서원.
- 김혜란 외. 2013. 사회복지실천론. 나남.
- 손기철. 2002. 원예치료. 서울중앙생활사.
- 우수명. 2015. 다문화사회복지개론. 양서원.
- 유용식 외. 2016. 사회복지개론. 양서원.
- 임화영. 2018. 사회복지개론 사이버 강의 발췌.
- 장수미 외. 2012. 사회복지실천기술론. 학지사.

전용득. 2018. 제주원예치료양성과정교재.

전재일 외. 2005. 사회복지개론. 형설출판사.

VII. 특수교육의 이해

- 국립특수교육원. 2009. 특수교육학 용어사전.
- 김승국. 1998. 정신지체아동교육의 이론과 실제. 서울 : 특수교육.
- 김일명 외 공저. 2015. 최신특수교육학. 학지사.
- 김종현. 2016. 특수교육학개론. 양서원.
- 교육부. 2018. 특수교육통계.
- 교육부. 2015. 특수교육 교육과정 해설자료
- 교육과학기술부. 2009. 개별화교육계획수립 운영자료.
- 신현기. 2000. 특수교육의 이해. 교육과학사.
- 이지연, 한수진. 2017. 특수교육학개론. 양서원.
- 한현민. 2000. 특수아동과 특수교육. 특수교육.

원예치료 입문자를 위한

관련의학, 심리상담, 사회복지

2023년 3월 20일 개정2판 발행

지은이 (사)한국원예치료복지협회
만든이 정민영
디자인 hsum company

펴낸 곳 부민문화사
출판 등록 1955년 1월 12일 제1955-000001호
주소 (04304) 서울 용산구 청파로73길 89(부민 B/D)
전화 (02) 714-0521~3
팩스 (02) 715-0521
http://www.bumin33.co.kr E-mail: bumin1@bumin33.co.kr

정가 22,000원
공급 한국출판협동조합
ISBN 978-89-385-0410-4 93510

복지원예사 자격 제도

우리나라 복지원예사 자격제도는 (사)한국원예치료복지협회에서 수여하는 민간자격으로 자격기본법에 근거하여 한국직업능력개발원에 등록된 자격이다. – **등록번호 제2008-0243호**

복지원예사 자격등급별 구비요건을 요약하면 아래 표와 같으며 자세한 내용은 협회 소개 > 관련 규정 > 자격 수여 규정에 명시되어 있다. – www.khta.or.kr

복지원예사 등급별 자격요건 (요약)

구분	복지원예사 3급	복지원예사 2급	복지원예사 1급	복지원예 슈퍼바이저
학력 요건	① 협회인정 양성교육 수료 ② 학력 제한없음	① 전문학사 이상 (전공 무관) ② 협회인정 양성교육 수료 ③ 3급 취득 후 2년 경과 심화과정 이수 (의학분야 2과목) **①② 모두 충족 또는 ③ 충족**	① 대학(원) 이상 (원예치료전공) ② 2급 취득 후 3년 경과 심화과정 이수 (의학분야 3과목) **① 또는 ② 충족**	① 1급 취득 후 3년 경과 또는 양성과정 주임교수 ② 슈퍼바이저 교육 수료 **①② 모두 충족**
자격 시험	3급 시험 70점 이상	2급 시험 70점 이상	1급 시험 70점 이상	–
임상 실습	① 임상 60회 ② 워크숍 40시간 (주관 6시간 이상) ③ 임상 30회 + 워크숍 20시간 (주관 6시간 이상) **①②③ 중 택1**	60회 이상	200회 이상	1,000회 이상
워크숍		20시간 이상 (주관 6시간 이상)	40시간 이상 (주관 9시간 이상)	100시간 이상 (주관 15시간 이상)
관련 논문	해당없음	학회(협회) 발표 1건	① 학회(협회) 발표 1건 ② 학위(게재) 논문 1건 또는 구두발표 논문 2건 **①② 모두 충족**	① 학회(협회) 발표 2건 ② 학위(게재) 논문 2건 **①② 모두 충족**
슈퍼 비전	(선택)	(선택)	1단위(2회) = 임상활동 10회	2단위(4회) = 임상활동 20회
검정 위원	4/5 이상 찬성	4/5 이상 찬성	만장일치	만장일치
심사료	12만원 (재심 6만원)	15만원 (재심 7만5천원)	30만원 (재심 15만원)	50만원 (재심 25만원)
공통 사항	협회 정회원 이상, 자격갱신(2년 단위)			

※ 기타 세부요건은 자격 수여 규정에 따름